芽苗菜

生产新技术

编著者

张和义　胡萌潮　李苏迎

金盾出版社

本书由西北农林科技大学张和义等专家编著。内容包括:芽苗菜生产的基本知识,子(籽)芽菜生产新技术,体芽菜生产新技术,软化栽培新技术等。全书系统地介绍了黄豆芽、绿豆芽、蚕豆芽、豌豆芽、黑豆芽、花生芽、香椿芽等17种子芽菜生产技术,花椒嫩芽、枸杞头、芽球菊苣、胡萝卜芽球、佛手瓜梢、白菜芽球等12种体芽菜生产技术,韭黄、蒜黄、蒲公英嫩芽、生姜芽、菊花脑芽球、蒌蒿软化芽等7种蔬菜软化栽培技术。全书文字通俗易懂,技术科学实用,可操作性强,适合广大菜农、芽苗菜工厂化生产者及家庭生产者学习使用,也可供农林院校相关专业师生阅读参考。

图书在版编目(CIP)数据

芽苗菜生产新技术/张和义,胡萌潮,李苏迎编著 .—北京:金盾出版社,2014.1(2018.4 重印)
ISBN 978-7-5082-8678-5

Ⅰ.①芽… Ⅱ.①张…②胡…③李… Ⅲ.①芽菜—蔬菜园艺 Ⅳ.①S63

中国版本图书馆 CIP 数据核字(2013)第 190735 号

金盾出版社出版、总发行
北京市太平路 5 号(地铁万寿路站往南)
邮政编码:100036 电话:68214039 83219215
传真:68276683 网址:www.jdcbs.cn
双峰印刷装订有限公司印刷、装订
各地新华书店经销
开本:850×1168 1/32 印张:6.25 彩页:4 字数:145 千字
2018 年 4 月第 1 版第 4 次印刷
印数:13 001~16 000 册 定价:19.00 元
(凡购买金盾出版社的图书,如有缺页、倒页、脱页者,本社发行部负责调换)

目　录

第一章　芽苗菜生产的基本知识

一、芽苗菜的含义

芽苗菜又称芽菜、活体蔬菜、如意菜，是利用作物的种子、根茎、枝条等繁殖材料，在黑暗或弱光条件下培育成供食用的幼嫩芽苗、芽球、幼茎或嫩梢。芽苗菜按利用营养来源不同，又有种（子）芽菜、体芽菜和软化芽菜之分。种芽菜是指用种子中贮藏的养分直接培育的幼嫩芽苗，如黄豆芽、绿豆芽、萝卜芽等。体芽菜是指利用植物的营养器官，如宿根、枝条等贮藏的养分直接培育的幼嫩芽苗，如花椒嫩芽、枸杞头等。软化芽菜是指植体在黑暗或弱光条件下培育成黄色的芽苗菜，如韭黄、蒜黄、石刁柏等。用种子培育芽菜时，因其在形成芽菜过程中发育和显露的部位不同，又有不同的称谓。例如，大豆和绿豆等种子，在发芽过程中胚轴伸长，子叶肥嫩，胚芽生长，但不显露，叫豆芽，如黄豆芽、绿豆芽等；豌豆、蚕豆等在发芽过程中，胚轴不伸长，子叶收缩，由胚芽生长形成肥嫩的茎和真叶，称嫩苗，如豌豆苗等。

可以培育芽菜的种子很多，最常用的有黄豆、黑豆、绿豆、豌豆，其次是蚕豆、萝卜、香椿。此外，红小豆、白菜、芥蓝、空心菜、苜蓿、芝麻、花生、荞麦、大麦、小麦等也能培育芽菜。

我国是生产芽苗菜最早的国家。在《神农本草经》（秦汉时期）中记载："大豆黄卷，叶甘平，主湿痹、痉挛、膝痛"。所记"大豆黄卷"就是晒干了的黄豆芽，当时的黄豆芽是作药用的。在南京孟元老所撰《东京梦华录》中有豆芽苗条目。宋代《图经本草》（1061）记载：菜豆为食用美物，生白芽为蔬中佳品。明代王象晋在《群芳谱》(1621)中详尽介绍了生绿豆芽的方法。明代高濂著《遵生八笺》有:"将绿豆冷水浸两宿,候涨换水,淘两次,予扫地洁净,以水洒湿,铺纸一层,置豆于纸上,一日两次洒水,候芽长,淘去壳,沸汤略焯,姜醋和之,肉炒尤宜"。香椿栽培在我国至少有2 300多年历史,《本草纲目》中提到了香椿的食用:"椿木皮细,肌实而赤,嫩味香甘可茹"。《农政全书》对香椿食用做了描述:"其叶自发芽及嫩时,皆香甘等。生熟盐腌皆可茹"。豌豆苗历来是人们喜食的芽苗菜,东汉崔寔所写《四民月令》中有:"正月可种春麦、豌豆"。在清代吴其溶撰《植物名实图考上编》中有"豌豆苗作蔬及美"之语。随着经济文化的发展,芽苗菜由我国最早传入日本。欧美国家人民也十分喜爱芽苗菜,比如小扁豆芽、苜蓿芽在美国是很流行的健康食品。豆芽菜是我国古代食品的重大发明之一。美国在20世纪40年代开始进行豆芽生产。近几十年,新加坡、日本等国家采用现代技术推出能自动控温和淋水的"豆芽机"生产"无根豆芽"(图1)。日本在20世纪70年代后开始芽苗菜的商品生产,其中萝卜芽面积最大。芽苗菜是消费者喜食的大众化蔬菜,但长期以来仅限于黄豆芽、绿豆芽、萝卜芽3种菜类,且是小规模传统栽培,直到1990年《中国农业百科全书·蔬菜卷》才将芽苗菜列为独立菜类,并开始在国内流行。现已由传统的生产豆芽,发展到生产蔬菜、粮食、油料及药用植物等30多种芽苗菜,利用轻工业厂房、温室、塑料大棚等设施,在弱光条件下进行半封闭式、多层立体、无土、营养液栽培,实施大规模、集约化、工厂化生产。

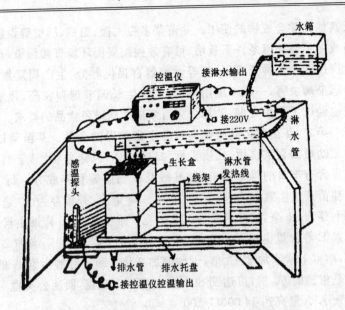

图1　全功能型(自动控温、控湿、淋水)豆芽机示意图

注:箱体容积:长×宽×高　1200毫米×650毫米×1050毫米

排水托盘:长×宽×高　1000毫米×500毫米×30毫米

豆芽生长盒:长×宽×高　400毫米×410毫米×210毫米

二、芽苗菜的特点

第一,芽苗菜是活体蔬菜,易达到绿色食品的要求。芽苗菜在贮运过程中或加工成菜肴之前,仍然是活体,如果能满足它对温度、湿度等条件的要求,不仅可保持鲜嫩的特点,而且可持续生长。绿色食品是洁净、安全无污染的优质食品,绿色食品生产要求初级产品的产地内没有工业直接污染;栽培管理必须遵循一定的操作规程;化肥、农药、植物生长调节剂等使用必须遵循国家制定的使用标准;在生产和加工过程中,禁止或严格限制化学肥料、农药以及其他化学合成物的使用。芽苗菜多在大棚、温室、厂房等设施环境或可控制环境条件下栽培,可有效控制周围环境直接污染,且在生产过程中靠种子或根、茎等营养器官提供养分,生产周期短,较少感染病虫害,一般不施用化肥、植物生长调节剂和农药,栽培基质也经过了无菌处理。因此,芽苗菜易达到绿色食品的要求。

第二,芽苗菜是品质优良营养丰富的保健食品。芽苗菜以植物的幼嫩器官供食用,品质柔嫩,口感极佳,风味独特,易于消化,并且含有丰富的维生素群、氨基酸及矿物质等营养成分。每 100 克芽苗菜维生素 C 含量:豆芽为 16～30 毫克,香椿芽为 50 毫克,萝卜芽为 51 毫克,苜蓿芽为 118 毫克。维生素 A、B 族维生素、维生素 E 等含量也极其丰富,如大豆发芽后,维生素 B_2 增加 2～4 倍,胡萝卜素增加 2～3 倍,烟酸增加 2 倍。萝卜芽维生素 A 的含量是柑橘的 50 倍,可达到 800 单位(U)/100 克,而蒲公英嫩芽维生素 A 含量高达 14 000U/100 克。

德国营养生理学研究所指出,人类每天所需的蛋白质,如果用动物性蛋白质时需 90 克,而用植物性蛋白质时只需 30 克,若用发芽过程中的活性植物蛋白质时仅需 15 克。现已证明,芽菜具有抗疲劳,抗衰老,抗癌等作用,对预防皮肤粗糙、黑斑、毛发障碍、便秘、贫血等也有良好效果。芽苗菜中含有大量的蛋白质、脂肪和碳水化合物以及钠、磷、铁、钙等,发芽后不仅能保持原有的营养成分,而且增加了维生素 B_1、维生素 B_2、维生素 B_{12} 和维生素 C 的含量。春季是维生素 B_2 缺乏症的多发期,每人每天摄入的维生素 B_2 低于 0.6 毫克时,易患舌炎、口角炎、唇炎、脂溢性皮炎、眼腺炎及角膜炎等病症,多吃芽苗菜可减免其发生。芽苗菜属碱性食品,食用后消化水解产物可中和体内多余的酸,达到酸碱平衡。芽苗菜还含有丰富的膳食纤维,能帮助胃肠蠕动,防止便秘,经常食用能降低血脂、血糖,并可减肥。例如,荞麦芽含有芦丁,对高血压和糖尿病有一定的防治效果;苜蓿芽含有钙、钾等矿物质和多种维生素,对关节炎、营养不良和高血压等都有良好的疗效;枸杞的嫩茎、叶可治疗夜盲症和干眼病;苦苣芽含有大量的钙、维生素及蒿苣素,有清肝利胆功效。

美国克莱博士在控制癌症理论研究中指出,癌症患者中多数缺乏消化蛋白质的胰酶、维生素 A 和维生素 B。某种 B 族维生素对癌细胞有毒,而对正常组织则无伤害。萌芽种子比同类种子中B 族维生素的含量要高出 30 倍,所以常吃芽菜有明显的防癌效果。

第三,生长速度快,周期短,程序简单。芽苗菜多属于速生蔬菜,生产周期只需 7～15 天。芽苗菜多在棚室内生产,产品形成所需要的营养主要依靠种子或根、茎等器官所贮藏积累的养分,只需在适宜的温度条件下,保证水分供应便可培育出芽苗、嫩芽、幼梢或幼茎。

第四,生产技术有广泛的适用性。由于大多数芽苗菜较耐低温和弱光照,并且以各种器官贮藏的养分作为产品形成的营养来源,因此既可在露地进行遮阴栽培,也可利用加温温室、日光温室、塑料拱棚等保护设施栽培;既可采用传统的土壤平面栽培,也可采用盘栽、盆栽等进行无土栽培。此外,还可在不同光、温或黑暗条件下进行"绿化型"、"半软化型"和"软化型"产品的生产。因此,芽苗菜生产技术具有广泛的适用性,栽培管理方便,生产设施简单,规模可大可小,生产有计划性和稳定性,不受气候条件限制,一年四季随时可以生产,对调节淡季蔬菜供应具有重要作用。

第五,生物效率、生产效率和经济效益高。芽苗菜的生物产量一般为投入生产干种子重量的 4～10 倍。由于芽苗菜立体栽培,一般可扩大生产面积 4～6 倍,加之产品形成周期短,1 年复种指数可达 30 以上,生产效率高。例如,每千克豌豆种子可生产 4 千克芽苗菜产品,生物效率达 4 倍左右,生长期为 10～15 天,每平方米可收获约 11 千克产品;香椿种芽用苗盘立体架栽,用 60 厘米×

25 厘米的苗盘,每盘播 30 克种子,12～15 天采收,可产芽菜 250克。一般设 5 层,1 年生产 25 批,产量远比常规蔬菜高。产品经精细包装,以优质高档细菜上市,价格比普通菜可高出几倍。若在冬春淡季供应,则效益更加显著。另外,芽苗菜属于典型的节地型农业,我国地少人多,发展芽苗菜生产,对于节约土地,充分发挥土地潜力,具有重要意义。所以,随着人民生活水平的提高,芽苗菜作为富含营养,洁净卫生,安全无害,风味独特的高档细菜,备受青睐,发展前途甚为广阔。

三、芽苗菜生产的环境条件

水分、温度、空气是种子发芽必需的三大要素,而光则对产品的质量影响很大,所以芽苗菜生产中必须对这 4 种因素加强调控。

(一)水 分

水在芽苗菜生产过程中除满足发芽、促进幼苗生长外,还能起到排污、带走过量氧气和调节温度的作用。水是种子发芽必须具备的首要条件,干燥种子内所贮藏的淀粉、脂肪及蛋白质等营养物质,呈不溶解状态,不能被胚利用。只有当其吸足水分后,才能把这些物质转化为溶解状态,再运输到胚的生长部位,供其吸收利用。所以,水不仅是胚生长所需营养物质的活化基质而且还是传送媒体。同时,由于种子经水浸润后结构松软,氧气容易进入,胚根、胚芽也容易突破种皮,所以种子发芽时首先要有足够的水分。种子吸水的速度和数量,取决于种皮结构、胚及胚乳的营养成分和环境条件。种子的吸水量可用绝对吸水量和相对吸水量表示。

绝对吸水量(克)=吸水后种子重量-风干种子重量

$$相对吸水量(\%)=\frac{绝对吸水量}{风干种子重量}\times100\%$$

种子播种前浸种处理,主要掌握吸水速度而不是吸水量。只要保证吸水量达到最大吸水量50%～70%的浸种时间,就可基本满足要求。如需使吸水量达到饱和,则应继续延长浸种时间。但浸种时间切勿过久,否则氧气不足,种子进行无氧呼吸,产生的二氧化碳和乙醇等,会使种子中毒,出现烂种、烂芽现象。同样,种子发芽以后,水分过多或浸泡于水中,会导致缺氧而影响生长。常见芽苗菜种子发芽所需最适浸种时间及相对吸水量见表1。

表1 芽苗菜种子发芽所需浸种时间及相对吸水量

(王德槟等)

品 种	浸种时间(小时)	相对吸水量(%)
豌 豆	24	90.58
黄 豆	24	120.64
红小豆	24	72.10
绿 豆	24	103.03
蚕 豆	24	110.21
花 生	24	51.10
苜 蓿	6	101.60
萝 卜	2	65.49
黄 芥	2	60.27
芥 蓝	2	57.17
香 椿	24	120.20
荞 麦	24	60.77
向日葵	8	86.84
芝 麻	6	53.62
蕹 菜	36	107.68

注:浸种水温为20℃。

(二)温　度

种子发芽和幼苗生长必须有适当的温度。这是因为种子萌发和幼苗生长时,内部进行的物质和能量转化是复杂的生物化学变化,这种变化必须在一定的温度范围内才能进行。一般来说,多数种子发芽所需的最低温度为0℃～5℃,最高温度为35℃～40℃,最适温度为25℃～30℃。在芽苗菜种子中,红小豆、绿豆、花生、芝麻等喜温蔬菜,发芽要求较高的温度,其最低温度为6℃～12℃,最适25℃～30℃,最高35℃。而豌豆、蚕豆、苜蓿等耐寒性蔬菜,发芽的最低温度为0℃～4℃,最适20℃～25℃,最高35℃。

温度对种子发芽速度及发芽率有很大影响,如豌豆种子,在10℃条件下10天发芽率为95%,而在25℃条件下4天发芽率达99%。温度除影响发芽速度外,还影响幼芽的生长速度,温度过低,生长速度慢,产量低;温度过高,发芽受阻,或生长过快,纤维多,品质差。

(三)空　气

种子萌发,特别是开始萌发时,呼吸作用显著增加,因而需要大量氧气。如果氧气不足,正常呼吸作用受到影响,胚不能生长而妨碍发芽,而且缺氧呼吸时,会放出乙醇和有机酸,严重损害幼苗。但氧气也不可过多,否则呼吸加快,新陈代谢旺盛,芽苗细弱,纤维化严重,品质差。所以,芽菜生长期间,适当降低周围空气中的氧气含量,减少呼吸消耗,可使胚轴粗壮、纤维化轻、质脆鲜嫩。

(四)光　照

光与芽苗菜的质地和颜色有关。有的芽苗菜,如黄豆芽、绿豆芽等以粗壮、质脆、洁白者为佳,宜在黑暗中培养;豌豆苗、香椿芽、萝卜芽菜等除要求质脆鲜嫩外,还需带有鲜艳的绿色。光线充足时,叶绿素形成得多,绿色浓,但纤维多,质量差。所以,生产中最好是前期在较黑暗的条件下生长,采收前1～2天增加光照,使之绿化后立即上市。

四、芽苗菜生产场所和设施

(一)生产场所

芽苗菜生产场所因芽苗菜的种类和当地的环境条件等而异,如黄豆芽和绿豆芽,一般为黄白色,在温室无光条件下即可生产。而当生产绿色豆芽时则需在有光的棚室内进行。豌豆苗是半耐寒性蔬菜,全生育期适宜生长的温度为15℃～20℃,发芽适温为20℃左右。4℃～6℃时可以发芽,但出苗时间长,温度超过25℃时出苗快,但发芽率低。所以,因温度不同,生育期差异很大。为此,北方地区豌豆苗生产,多采用加温温室或日光温室;南方地区则多采用不加温温室或大棚。如果冬季最低温度低于12℃时,需要加温设施;夏季温度超过30℃时,需要降温设施。

(二)生产设施

1. 生产场地　大棚、房屋及地下室等均可。

2. 多层栽培架　为提高土地利用率,常采用立体式多层栽培。栽培架一般由30毫米×30毫米×40毫米的角钢与钢筋、竹木制成,架长150厘米、宽60厘米,每层间隔35～50厘米,共3～6层。

3. 育苗盘　育苗盘多为平底、有孔的塑料盘,盘长60厘米、宽25厘米、深4～6厘米,重约500克。也可用专门用于芽苗菜生产的聚苯乙烯泡沫塑料做成的栽培箱或育苗盘或直接在地面挖深15～20厘米的栽培槽等作栽培容器。为出售和暂时存放方便,现已开始采用与大苗盘相配套使用的小培养盘,大盘套小盘,形成"子母盘"状,既有利于一家一户购买,还可在宾馆、饭店向顾客直接展示。有些国家还用专门的透明小塑料杯生产萝卜芽,从而极大提高了萝卜芽的档次和售价。

4.集装架　为方便芽苗整盘运输,应制作产品集装架。规格应根据使用运输工具的大小而定,如层间距离小,可适当增加集装架的层数。

5.栽培基质　宜选用洁净、质轻、无毒、持水力强,使用后残留物易处理的材料作基质,如纸张、白棉布、无纺布、珍珠岩、河沙、泡沫塑料片等。

6.袋生豆芽的设备　袋生豆芽,如袋装绿豆芽、袋装黄豆芽、袋装黑豆芽、袋装花生芽等,彻底解决了其他方法存在的容积小、产量低、质量差、不易保温和消毒灭菌困难等问题。袋生豆芽需要制作塑料内袋、油毡内罐和保温槽。

(1)塑料内袋的制作　取1米宽的筒状塑料布,剪成0.9米长,将其中一个敞口的边用塑料封口机或烙铁烫合封住。然后在塑料袋的袋底斜剪1个三角孔,孔的大小以正好可插进1根长33厘米、内直径3.3厘米的硬塑料管为宜。插进后再用细绳捆扎牢固,防止漏水(图2至图4)。塑料管插进袋内约3厘米,为了加快

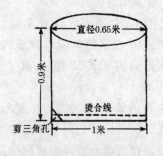

图2　塑料内袋

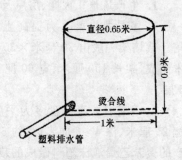

图3　塑料内袋成品

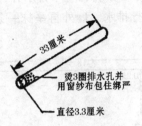

图4 塑料排水管

排水,这3厘米的管要用烧红的粗铁丝烫出3圈密密的不规则小孔,并用窗纱把小孔包裹严实,以免放冲淋水时将豆芽冲出。

塑料排水管管口大小很重要,每袋生产豆芽量不同,其最佳排水孔也不同,如5千克种豆的排水孔,直径以3~4厘米为宜;10千克种豆的以7~8厘米为宜。

(2)油毡内罐的制作 取长2.1米的建筑用油毡(油毛毡)一块,在宽0.8米处朝外折叠,然后围成圈。围成圈后的两个边要搭接12厘米,用结实的渔网线或尼龙绳缝合,制成圆筒状。圆筒高0.8米,筒口直径约0.65米。在油毡筒底部距离地面16厘米处割一个直径3厘米的圆孔,作为塑料排水管的出口。为避免油毡筒在使用过程中下塌和扭曲变形,在油毡筒的上、下口贴紧内壁各撑1个粗铁丝圈,竖直再加固3根竹片。另外,剪1个直径约0.65米的塑料布圆片,备作塑料内袋的垫片,用于遮盖住塑料袋袋底的皱褶;再剪1个直径约0.65米的油毡圆垫片,备作油毡筒的垫片,用于覆盖住筒底的保温材料;剪1块宽0.7米、长1毫米的长方形塑料薄膜,备作盖育芽罐口的限氧塑料膜(图5,图6)。

(3)保温槽的建造 在避开门窗处垒一个长4米、高和宽各0.8米的长方形空槽,槽的前边一面墙的第二行砖(距地面约0.16米)的两头约0.44米处分别留排水孔,孔的大小正好穿过塑料排水管,中间每隔 0.78 米分别再留 3 个排水孔,共留 5 个,以便塑料管由此伸出保温槽进行排水。墙外再垒抹一条排水沟,最好挖成地下水沟(图 7)。

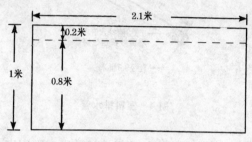

图 5 油毡

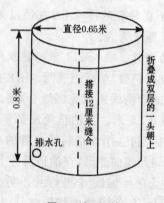

图 6 油毡筒

(4)育芽罐的总成 将油毡筒放入保温槽内,油毡筒折叠成双层的一头朝上,前后离墙及筒与筒间距均为 7 厘米。摆放后在油毡四周填满稻草、麦秸等保温物,填充高度以离油毡筒上口 3.3 厘米为宜。在每个油毡筒放 1 个油毡圆垫片,使油毡内光洁,不会漏出柴草等保温物。把塑料筒放入油毡筒内,在油毡筒的前面靠底部位对准窄墙预留的排水洞挖一个小孔,连接塑料袋的排水管由此伸出墙外,并指向排水沟。这是 1 个育芽罐的制作,一般需配备 5 个罐才可组成流水线(图 8)。生产时每天下 1 罐种豆(5 千克),出 1 罐豆芽菜(60 千克左右)。如需扩大生产,可根据市场需要增加罐数。

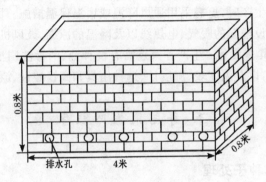

图 7 保 温 槽

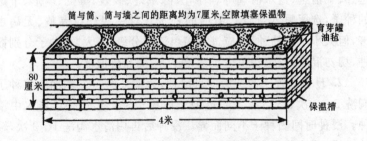

图 8 日下 5 千克种豆的流水作业线

7. 浇水设备 规模化生产时,可以安装微喷装置及定时器,定时自动喷灌。一般可采用人工浇灌,将胶皮管一头接在自来水龙头上,另一头装 1 个喷壶头,向芽苗上面喷淋。

8. 遮光设备 在温室后坡下面生产芽菜时,可在中柱上吊挂聚酯镀铝反光幕,既可改善幕前作物的光照和温度条件,又可对幕后部作物起到遮光作用。无反光幕时可以吊挂无毒有色膜或牛皮纸等。

9. 调温设备 芽菜生产主要环境条件是水分和温度,特别是进行四季生产时,更需采用通风降温或增温保温措施。因此,设施内必须装设增温的暖气、电热线以及降温的凉棚、鼓风机等设备。

10. 其他设备 生产芽菜还需有浸种池、消毒洗刷池、催芽室或催芽罐,以及温度表、湿度计、选种用具和高锰酸钾、漂白粉等。

五、芽苗菜生产程序

(一)种子处理

1. 种子清选 种子应提前晾晒,以杀灭病菌。晒种后采用风选、人工清选、盐水清选等程序,去除虫蛀、破残、霉变、畸形、干瘪的种子,选留整齐、饱满、清洁的种子。对一些籽粒完整、无病虫害,但大小不一的种子,应进行简单清选分级,将大、小种子分别播种,切勿混播,以免芽苗生长参差不齐,商品价值低。

2. 浸种 种子清选后即可浸种,通常采用 30℃清净水将种子淘洗 2～3 次,然后放入超过种子体积 2～3 倍的 20℃清水中浸种。浸种时间因种子不同而异。浸种后再用清水淘洗 1～2 次,轻轻搓揉,冲洗种皮表面黏液,再沥去水分。

(二)播种与催芽

浸种后立即播种,将播好种的苗盘,摆在地面上或置于栽培架上催芽。催芽完成后将苗盘移至栽培室上架栽培。对于发芽较慢的种子,通常在浸种后撒播于苗盘,集中催芽,露白后再进行播种。

(三)出盘后管理

催芽一定时间后出盘。因催芽是在黑暗或微光、高湿环境中进行,所以通常需在苗盘移入栽培室前,置于温度较稳定的弱光条件下适应 1 天。芽苗菜忌强光,管理以弱光为宜。对于夏秋季节光照较强的场所,需用遮阳网遮阴,防止强光及高温影响,否则芽苗菜容易产生辣味和苦味,且纤维素含量高,口感差。栽培期间,还需加强温度管理,一般温度保持在 18℃～25℃比较适宜。夏季炎热,可采用遮阴、喷雾、排风以及地面喷水等措施降温。有的芽苗菜如蕹菜苗、萝卜芽等,需在采收前移至光照较强的环境中进行"绿化",促进芽苗生长。绿化时间为 1～2 天。

六、芽苗菜生产方式

(一)育苗盘与立体培养架栽培

这是目前活体芽苗菜生产的主要方式。育苗盘生产的特点是将种子播种在育苗盘中,在栽培架上摆放培养。多采用水培法,即喷淋清水,一般不施化肥。培养中通常不见光,管理上主要掌握保湿和通风,防止烂芽。

(二)播种与催芽的两种方式

一段式播种催芽,即在浸种后直接将种子播种在育苗盘内,随后叠盘催芽或上架催芽。采用这种方式播种,要求种子发芽快,不易烂种,播种密度宜小,铺 1～2 层为宜;二段式播种催芽,即种子浸种后先在浸种器如塑料盘、搪瓷盆内集中催芽,待露白后再播在育苗盘内。凡采用二段式催芽的,一般都是种子发芽慢,易烂种,或每盘播种量大的种子。它的特点是在一段式的基础上不叠盘，种子集中催芽后再播到育苗盘中。

（三）育苗盘生产

先在育苗盆内装好已消毒的沙或土壤，然后将浸种催芽后的种子播到盆内，再覆沙或土壤，最后把育苗盆单个平放在栽培架上。

（四）苗床生产

苗床生产多采用沙培或土培，通常将选好的场地用砖砌成宽1米、长10～12米的苗床。土培法需深翻土层30厘米，沙培时要把苗床内30厘米厚的土层移走，换上30厘米厚的粗沙。浇透水后播种，播后覆盖细沙3～4厘米厚，即将出土时再盖2～3厘米厚的细沙，反复2～3次，待幼苗白嫩未长须根时采收上市。

（五）综合生产

为了充分利用温室或阳畦的空间，可在设施北边摆立体栽培架，中间摆育苗盆进行地面生产，南边用苗床生产芽苗菜。需要进行绿化的盘、盆放在南边见光处，以促进芽苗生长。立体栽培架上层摆放要进行绿化的芽苗菜，下层放处在催芽阶段或需遮阴培养的芽苗菜。此外，根据生产场地的不同，可分为家庭生产和工厂化生产。家庭生产可在屋顶、阳台或室内进行；而工厂化生产需建设专门的生产车间，包括浸种催芽室、播种室、培养室和采收包装室。

七、芽苗菜生产应注意的问题

(一)严格把好种子质量和消毒关

种子质量直接关系到芽苗菜的产量和品质,因此必须严格把好种子质量关。生产中要选择新鲜、饱满、发芽率高、不带病菌的种子,并对种子及生产设施和生产工具进行严格的消毒处理。

1. 种子消毒 可用 50℃～55℃温水搅拌烫种 5 分钟,或用 0.1%高锰酸钾溶液浸泡 15 分钟,捞出种子,再用清水漂洗干净。

2. 棚室消毒 用硫磺粉 250 克、锯木屑 500 克混合后密闭棚室熏烟 12 小时,可消毒约 100 米^3 的棚室。也可用 10%石灰水洗刷墙壁。

3. 基质与用水消毒 基质和用水可用 1 毫克/千克的漂白粉混悬液消毒。如果是用床土栽培,则用 40%甲醛 100 倍液将床土喷湿,堆好拍实,再用薄膜密闭熏蒸 4～5 天,揭膜后将床土推开晾晒 7 天,药味散尽后播种。还可采用多菌灵消毒,即按每立方米床土加 50%多菌灵可湿性粉剂 80 克,充分混合后盖薄膜密闭 7 天,然后摊开晾晒 10 天左右,药味散尽后播种。

4. 芽苗消毒 芽苗消毒一般有 4 种办法:①在种子露白时用 4%石灰水浸泡 1 分钟,再用清水冲洗干净,有防止芽苗腐烂的效果。②用 50%多菌灵或 75%百菌清可湿性粉剂 1 000～2 000 倍液浸泡种芽 1 分钟,然后多次用清水洗干净。③将育苗盘内受污染的芽苗菜和基质清除,用 1%石灰水喷淋。④含脂肪量高的种子,如花生、香椿、大豆等,生产芽苗时易烂种烂芽,这类种子在浸种时宜铺薄一些,并注意通风降温,适当控制水分,切忌积水。

(二)按市场需求生产

重视市场营销,切忌盲目大批量生产。芽苗菜种类多,应采用小批量、多茬次、多品种、排开播种、分批收获、均衡上市等措施,生产新、特、优质品种。芽苗菜是柔嫩、容易失水的产品,不宜贮藏和长途运输,应按市场需求就地生产,就近供应。芽苗菜组织脆嫩,营养丰富,销售时宜采用小包装、精装潢,或用整盘活体销售,以延长货架期。

(三)生产中常见问题的处理

1. 烂种烂芽　芽苗菜栽培过程中易发生烂种烂芽现象,特别是传统豆芽菜,种子发芽后不久,当根很短时,胚轴上先产生红斑,不再长须根,进而使豆芽发红、腐烂。生产中应注意剔除瘪籽、破烂、霉烂及发过芽的种子。同时对种子、场地、器具等进行彻底清洗、消毒。

2. 生长不整齐　芽苗菜生长不整齐常使产品的商品率降低。生产中应选用优质、大小一致的种子,并均匀播种和浇水;水平摆放苗盘,并注意经常"倒盘",使芽苗菜生长环境一致;喷淋水应均匀仔细,尽量减少催芽和栽培时的温度差;喷淋浇水应在蒸发量较大、空气湿度较小时进行,以提高芽苗菜的整齐度。

3. 品质差　芽苗菜生产过程中,如遇干旱、强光、高温和低温、生长期过长等情况,均会导致纤维迅速形成,使芽苗菜老化。因此,生产上应采取相应的措施,尽量避免上述情况出现。

4. 种子"戴帽"　有些种子在出苗过程中种壳不脱落(戴帽),对这些种子应多次喷雾,软化种壳,促进"脱帽"。采用床土栽培时宜适当深播,也可在种子出苗时盖湿沙土增加压力,以达到脱壳的目的。

5. 猛根与坐僵　猛根,系指豆芽须根过多过长的现象。这是由于水温高、浇水时间短,从而导致根系过度生长;坐僵,系指豆芽头大梗细,无力生长的现象。这是由于豆子浸入水中时间过长,引起缺氧和营养物质外渗造成的。解决的方法是,掌握好浸种的时间,发芽后注意浇水量。

6. 烂缸 烂缸有 3 种情况:一是豆芽两头完好,中间腐烂,俗称"折腰"。二是豆芽成片迅速腐烂,原因是温度太高、水分过多以及病菌污染。三是豆芽根部发黑,不长须根,芽很短,进而逐渐腐烂。这种现象在温度低且湿度大的情况下容易发生。防止烂缸的方法,除控制温度、湿度外,还要注意卫生,避免豆芽受污染。

7. 病虫害防治 芽苗菜受消费者欢迎的重要原因是清洁、无污染、食用安全。病虫害的防治应以预防为主,采用控制湿度和通风、清洁环境等生态方法以及物理方法进行防治,尽量避免使用化学农药。

芽苗菜常见的病虫害有:催芽期种芽霉烂、产品形成期烂根、猝倒病、根蛆等。防止措施:一是选用抗病优质品种,并对种子清洗消毒。二是严格对苗盘清洗消毒,用洗涤剂或洗衣粉溶液浸泡苗盘,彻底洗刷,然后将苗盘用 3% 石灰水或 0.1% 漂白粉溶液消毒处理 5～15 分钟,再用清水冲洗干净。三是不定期对生产场地消毒。四是栽培基质一般不要重复使用。五是严格控制喷水次数,切忌过量喷水。六是调节好棚室内温度。七是及时通风换气,避免长时间出现接近饱和的空气湿度。八是随时清除烂种烂芽,若发现有烂根,并已影响芽苗生长,可提早采收上市。

第二章 子(籽)芽菜生产新技术

一、黄豆芽生产技术

　　黄豆芽菜又称金灿如意菜,古称豆卷(黄珏《本草便读》)、大豆卷、黄卷皮等,一般是用黄豆加水湿润,保持适当的温度,使之发芽长成嫩芽。黄豆芽菜是我国的特产,在日本很少见到,欧美国家几乎没有,仅在大城市华人菜馆有少量生产,作为珍蔬供品尝。

　　黄豆发芽后,脂肪含量变化不大,蛋白质的人体利用率也基本没有变化,谷氨酸下降,天冬氨酸增加。黄豆中含有的棉籽糖和鼠李糖人体不易消化,又容易引起腹胀,但在生芽过程中会消失,人食后无胀气现象;有碍于食物吸收的植物凝血素几乎全部消失;生芽中因酶促作用,使植酸降解,释放出磷、锌等矿物质,可以增加被人体利用的机会。最有趣的是维生素 B_{12} 的变化,以前认为,只有动物和微生物才能合成维生素 B_{12},而瑞士的科技人员在做黄豆无菌发芽试验时发现,豆芽中维生素 B_{12} 大约增加 10 倍。黄豆和绿豆中都没有维生素 C,而生成豆芽后维生素 C 含量却较丰富。所以,豆芽的营养价值很高。另外,豆芽的颜色洁白,质地脆嫩,味道鲜美,同时能四季生产,长年供应,特别是冬春缺菜时更成了人们最经济实惠的佳蔬。豆芽菜还有一定的药用价值,生芽后天冬氨酸急剧增加,所以吃豆芽能减少人体内乳酸堆积,消除疲劳。豆芽中还含有一种叫硝基磷酸酶的物质,能有效地抗癫痫发作。黄豆芽中的叶绿素,能分解人体内的亚硝酸胺,起到预防直肠癌等多种消化道恶性肿瘤的作用。此外,黄豆芽中含有一种干扰素诱生剂,能诱生干扰素,增加体内抗病毒、抗癌的能力。豆芽含维生素 C

和氨基酸较多,又富含不饱和脂肪酸,因而有预防坏血病和牙龈出血的作用,能防止血管硬化,降低血液中胆固醇水平,防止小动脉硬化和治疗高血压。不饱和脂肪酸还有护肤养颜和保持头发乌黑发亮的功能。豆芽中粗纤维较多,能预防结肠癌及其他一些癌病的发生。维生素 B_{12} 有抑制恶性贫血,促进血红细胞发育和成熟的作用。黄豆芽佐餐,可治寻常疣。如妇女月经期间血压增高,可服用煮 3～4 小时的黄豆芽水,每日服数次。如胃有积热,取黄豆芽、鲜猪血共煮汤食用。干黄豆芽性甘平,能利湿清热,对胃中积热、大便结涩、水肿、湿痹、痉挛等病均有较好的疗效。

(一)小批量生产

1. 家庭培育豆芽　家庭培育豆芽,对器具的要求不严格,如报废了的家用炊具,漏底的大号牙杯,有裂缝的钵头,陶罐,以及竹篮等,均可用来培育豆芽。由于这些容器的底部会渗漏水分,能自行排除培育豆芽时的积水,使底部的豆种不会因长期泡水窒闷而影响发芽。如果用完好的铝锅、盆钵等炊具来培育豆芽,则要在这些炊具底部的上方 1～2 厘米处,放 1 个竹架或蒸架,在上面铺2～3 层纱布,不让豆种掉下去,底部空间可供存放积水之用。

经过预选的豆种,用 60℃ 的热水泡 1～2 分钟,期间搅拌 1～2 次,然后用自来水或井水淘洗干净,滤去瘪粒、碎粒和虫蛀粒。将洗干净的豆种倒入芽杯、钵头或罐子等培育器皿中,加入与豆种同等重量的清水浸种,浸种时间为 8～12 小时,浸种后将余下的积水倒出沥干,然后用清洁的毛巾、纱布遮盖严密,并将培育器具放在避光、潮湿的地方。每天早晨、中午、傍晚及入夜前各淋水 1 次。每次淋水时,先将覆盖的毛巾或纱布揭开,再向培育器具内添加清洁的自来水或井水,使水面超过豆芽表面,停留 2～3 分钟后倒干净,这样反复进行 2～3 次即可。每次淋水后,再用毛巾或纱布等物覆盖。如果培育的豆芽数量较多,从培育后的第二天开始,应将豆芽倒入较大的器具中培育。因为豆芽生长,冒出器具的顶部,会出现返青现象,而且豆芽与空气直接接触后,豆芽会根长茎细,品质低劣。家庭培育豆芽,夏季温度高,只需3～4天豆芽就可成熟;冬季温度低,则需7～8天(图9)。

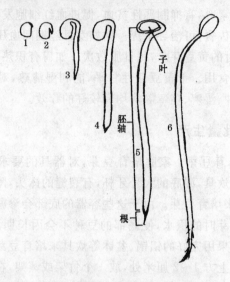

图9　黄豆芽生长过程示意图

1. 种子　2. 发芽第二天　3. 发芽第四天

4. 发芽第五天　5. 发芽第七天,采收适期

6. 生长过度,衰老

　　为了促进豆芽生长,冬季可用温水淋豆种,并将培育豆芽的器具放在灶头、炉旁保温。如果室内有暖气,则更为理想。夏季如果温度过高,可用井水或木桶中预冷的凉水淋豆芽,这样培育的豆芽粗壮,品质脆嫩。如果采收的豆芽当日食用不完,可用干净的冷水泡起来,水面以超过豆芽10厘米左右为宜,但要注意避免光和热。

　　此外,家庭培育豆芽还可采用连续生豆芽的方法,其方法如

下:取细沙 1.5～2 千克,竹筐、箩或破裂的小瓦盆 1 个,黄豆种子
0.5 千克。在竹筐、箩或瓦盆里放一层沙,沙上放一层豆种,再铺
一薄层沙,再放一层豆种,可放多层。最上面铺盖的是沙,在沙上
面覆盖一些干草(稻、麦草等),早、晚各淋水 1 次,4～5 天后,豆芽
便穿出干草 3 厘米左右。第一层采收后,把干草仍旧盖在上面,继
续浇水,第二天又可取出一层,这样连续几天都有新鲜豆芽吃。

2. 黄豆芽缸栽　用黄豆生豆芽,干物质损失 20% 左右,豆瓣
也不易消化,所以从营养角度看,用黄豆生豆芽不合算。

(1)选好豆子　豆子要选择充分成熟,发芽率高,无虫蛀、无发
霉的种子。不太成熟的种子,皮发皱,发芽慢,芽苗寿命短;虫蛀过
的种子有时能发芽,但芽长势弱,产量低,质量差;贮藏时受热的走
油豆,生命力弱,发芽慢,质量差。

(2)场地和容器的选择　豆芽菜一般在室内培育,以确保环境
黑暗和保温保湿。所用器具可根据经济条件和培养量确定,量少
时用瓦盆,量多时用瓦瓮、瓦缸。瓷瓮不吸水,保温性好,适宜冬天
用;瓦缸含水量大,凉性好,适合夏天用。缸或瓮的尾部要有排水
孔,里外都要洗净,要求无油污、无盐渍。用旧缸时,尤其是在泡豆
芽过程中发生过腐烂的,应将缸洗净后多晒几天。如果没有缸或
瓮,也可在室外进行沙培。具体做法:挖深 50～60 厘米的培养床,
整平床底后铺 10 厘米厚的泥沙,在上面放一层浸泡过的豆子,再
盖厚 10～13 厘米湿沙。

(3)浸种和入缸　用自来水或井水浸种。自来水清洁卫生,且
有余氯,具有漂白作用,生出的豆芽洁白美观。井水有浅水井和深
水井,大城市浅水井水量小,水质差,pH 值高,不宜用于生豆芽。
深水井水量大,水质好,一年四季温差小,最低温度 18℃,最高温
度 22℃,可长年用于生豆芽。江河水和塘水有异味,不宜用于生
豆芽。将豆子放到锅里或其他容器中,先用 45℃～50℃热水浸泡
半小时,再用笊篱捞出瘪籽和霉籽,继续浸泡 2.5～3 小时。当豆

粒充分吸水完全膨胀变圆后捞出,直接放入豆芽缸中培育。装入缸中的豆子数量要适宜,据农户的经验,内径 55 厘米、高 65 厘米的缸,装 5 千克干豆即可。装入过少,豆芽长得细而长,产量虽高,但丝多,质量差;装量过多,不仅芽短,产量低,而且长满缸、露出缸口后,容易受冷、受旱,不利于生长。豆子装入缸中后,缸口用麻袋片、塑料布或草帘等盖严,防止光照。如果豆芽缸少,可在竹笼下部和周围铺些有孔的塑料布,再把浸泡好的豆子装入,用塑料布和麻袋等盖严,放到温暖处催芽,芽长至 2～3 厘米时,再倒入缸中继续培养。

(4)管理　豆子入缸后的主要管理是浇水和控制温度。冬季温度低,豆子入缸后须立即用 30℃ 左右的温水从缸的四周浇入,以提高缸的温度。第一次浇水后,开始的 2～3 天每天隔 3～4 小时浇 1 次水,4～5 天后每天隔 5～6 小时浇 1 次水。水温随豆芽的生长逐渐降低,由第一天的 30℃ 逐渐降低至第六天的 15℃ 左右。浇水量则应逐日增加。豆芽房的温度应控制在 18℃～25℃。温度过高时,豆芽的根和茎秆发红,须根多,芽子不壮实;温度过低,豆子发黏,易腐烂。

豆子装缸中后,经 6～7 天,芽长至 5～7 厘米时,开始上市。出售前,先把豆芽放入水中,稍加搅动,使种皮与豆芽分开,因豆皮比重大,所以沉于水下,用笊篱将豆芽从水中捞出,装入筐中即可。

3.木桶生产豆芽　木桶生产豆芽,适用于我国南方小批量生产,采用的容器多为圆形木桶,也可用盛水的水缸。一般木桶或水缸高约 60 厘米、直径约 60 厘米,可培育 5.5 千克黄豆种的豆芽。虽然小批量生产豆芽的木桶或水缸的规格,没有一定的要求,但不宜太大或过小。因为器具过小,盛豆种的数量少,发芽时不仅发热的热量不够,而且也不易保持温度;但器具太大,一个容器内豆芽菜过多,淋水不易均匀,豆芽生长不一致,影响产品质量。

器具选定后,要在木桶或水缸的底部旁边开 1 个直径 3～4 厘米的排水孔。然后放置在太阳不能直接照射到,室内空气流动比较稳定的地方。放置时注意器具应稍微倾斜,使排水孔向下,以便于排水。

生产前,应选择新鲜豆种,并进行浸种处理。同时,将木桶或水缸下方的排水孔用稻草塞好,然后将浸种后的豆粒放入,底部铺平,并在上方用草袋盖好,冬季比夏季要多盖两层。豆粒入桶发芽后不要翻动,保持其自然直立生长状态,这样生产的豆芽主根舒展,芽体笔直,外形美观、整齐,符合商品豆芽的规格。

用木桶等生产豆芽时,要注意浇水的时间和水温。一般夏季天气炎热,每隔4小时左右浇1次冷水;冬季天气寒冷,可减少浇水次数,每隔6~8小时浇淋温水1次。每次淋水或浇水量以水面高出豆芽表面5厘米左右为宜,浇后任其自然排干。

豆芽生产过程中,豆壳自行脱离,与豆芽混在一起,为了提高商品价值和方便食用,必须将豆芽、豆壳分开后,才能上市出售。分离豆壳的方法:先向容器内浇淋一些凉水,使容器内豆芽降温,然后取出1~1.5千克,放入柳条或竹制簸箕内轻轻簸几下,倒入盛满水的容器内,如此进行2~3次,并将豆芽搅动数次,借助水的浮力,绝大多数豆壳沉入水底,少数浮在水面,可用软扫帚将水面上的豆壳扫到一起,用塑料网纱捞出豆壳,取出豆芽。

4. 红砖压生产豆芽 传统豆芽生产加盖不加压,生产周期较长,生长的豆芽有老有嫩,有强有弱,甚至出现长叶和烂芽现象。采用红砖施加压力,可使豆芽生长均匀一致,产生强大的膨胀力,将红砖顶起数寸高,到时取出豆芽,洗净豆壳即可出售。

用红砖培育豆芽,可先备好10个无盖简易包装木箱,先在箱底板上钻9~10个直径约1厘米的洞眼,要求能流出水即可。每箱备3块建筑用的干净红砖,最好用刚烧出窑的红砖。同时,每箱准备1.5~2.5千克茅草,茅草具有不易腐烂、不吸收水分和抗腐蚀、除秒、保温等特点,使豆芽不易出现烂芽现象;也可用稻草(除去稻叶)及麦秸,但其易吸水,又易溶解碱性物质,影响豆芽生长。在寒冷的冬季,则可用锯木屑。

选好豆种,用清水冲洗,然后浸种 3～4 小时。等豆种膨胀后捞出,放入箱内,每箱放豆种约 3 厘米厚,铺平后盖干净的新鲜茅草 5～6 厘米厚,然后并排压上 3 块红砖。为了保持箱内湿度与温度,应注意淋水,随着豆芽的生长及温度升高,淋水的次数和用量相应增加。一般豆种入箱后第一天隔 12 小时淋水 1 次,第二至第三天隔 8 小时淋水 1 次,第四至第五天隔 6 小时淋水 1 次,以后则隔 4 小时淋水 1 次。在 20℃条件下,经 4～5 天即可采收供食用,温度低时要晚 1～2 天。管理中注意淋水要充足,每箱每次淋水半桶,约 10 升,后期水量要更多些。水要淋在红砖上,让水从箱面浸入箱底再缓慢地流出。冷天要用温水。在整个管理过程中,不要揭开红砖和茅草翻看。木箱的摆放位置,根据气温高低不同而差异,气温高时,可置于通风阴凉处。气温低时,可以在室内生火,提高温度。在长江以南地区,当豆芽长至 3 厘米左右时,就不再生火,因豆芽内的温度自然升高,不再需要增温了。但在长江以北地区,如无暖气设备,需继续生火。木箱下面用红砖或木头垫起,以免腐朽。用红砖培育豆芽,除具有一定压力外,而且经过高温处理的红砖,比较洁净。同时,浇水后还能产生氮水解物质,刺激豆芽胚轴迅速生长,豆芽产量高品质好。当箱内豆芽平面升高 15 厘米左右时,即可采收上市销售。

5. 草囤生产豆芽　草囤生产豆芽适用于我国北方地区,其特点是:①时间短。黄豆豆芽只需 70 个小时即可出囤。②产量高。每千克黄豆种可生产 10～11 千克豆芽。③方法简单。单人每次可生产 10～15 囤。④不受季节气候限制。置于 20℃左右、光线暗、不透水的房间一年四季均可生产。⑤品质好。豆芽乳白色、晶亮,豆瓣淡黄色,不长叶,不生根,茎粗白嫩、爽脆多汁。

草囤生产豆芽的器具是草囤。草囤是用干燥而无霉烂的稻草编成。一般草囤上部有盖,底部直径约 60 厘米、高 45～65 厘米、厚 5 厘米,体积 0.127～0.184 米³,每次可生产 40～55 千克豆芽。

生产豆芽前,草囤内外先用牛皮纸包裹好,在囤内再放一层聚乙烯塑料薄膜,薄膜下固定 1 个水管穿过囤底,以利于自然排水,防止囤底豆芽长期泡水。水管外部接软塑料管,排水时自然张开,不排水时自然闭合。豆种用 35℃ 温水浸泡,浸泡时不断用木棒搅动,5 分钟后用木板盖上,再用棉被包裹好,浸泡(泡豆)5 小时。泡豆水的温度要保持在 35℃ 左右。豆子膨胀裂口出芽,即可将豆种捞到木板上沥干水分。然后将豆种放入无水盆内,用旧棉被盖严,置于 20℃ 左右的豆芽生产房里,3 小时后豆粒出齐芽,这时盆内温度 30℃ 左右。然后,将出芽的豆种均匀撒入囤内,加草盖密封,并加盖保温被、毯等物。囤的地面要铺一些麦秸,使其密封不漏气。囤的外围也要用旧棉被包上,保持恒温,以缩小温差。

出芽的豆种入囤后,每小时浇 1 次水,每次浇水量约 15 升。第一天浇入的水温约为 26℃,流出的水温为 30℃～32℃,囤内温度控制在 27℃;第二天浇的水温约为 24℃,流出的水温为 29℃～30℃,囤内温度控制在 25℃;第三天浇的水温约为 23℃,流出的水温为 27℃～29℃,囤内温度控制在 24℃;第四天浇的水温约为 25℃,流出的水温为 28℃～29℃,囤内温度控制在 26℃。掌握囤内外温度要用温度计测试。测试水温时,以水管流出的水温为标准。方法是把囤内流出的水,用水盆接起来,将温度计插入水中,得出水温的数字。调温的方法是把水盆里的水依次循环浇到囤内 3～4 次,将囤内温度控制在一定的范围内。在正常情况下,5 小时浇 1 次水,若流出的水温高于要求时,可加凉水调到需要的温度。

草囤生产豆芽必须注意:①豆种须经严格选择,要求无虫蛀、无霉变和烂瓣,不能用有油花的水泡豆和浇豆,并控制好水的温度。②囤围不宜过大,以每囤装 4～5 千克豆种为宜。③严格控制豆种与风、光、空气的接触,豆芽生长期除浇水时间外,平时不要揭盖观察。④防止囤内积水。⑤豆芽按时出囤,时间过长,营养逐渐减少,不嫩不脆,外观形态差,商品价值低;相反,时间过短,则影响产量。

6. 油毡筒塑料袋批量生产豆芽 用油毡筒塑料袋培育豆芽,具有取材容易、成本低、利于批量生产等特点,而且最适于冬季生产。

生产时,取宽1米的聚乙烯塑料筒状薄膜,用烙铁将一头烫合,在袋底的一角剪1个洞,插进1个直径约1厘米的硬塑料排水管,用细绳扎牢。在排水管插向塑料袋的一头要烫出2圈排水小孔,并包上1块纱布或窗纱,防止排水时将豆冲出。然后,将油毡缝成一个口径约60厘米的圆筒,并各剪一直径约65厘米的塑料薄膜圆片和油毡圆片作垫。

在屋内墙角适当的一面,离墙80厘米处筑一条窄墙,高80厘米,长度可按放置塑料袋个数而定,使其与室墙形成一个长方形空槽,在小墙的前下方留出排水孔,塑料袋下面的排水管可由此孔伸出。最后,将油毡筒放入窄墙内,前后均离墙5~10厘米,然后在油毡筒的四周填满无霉、无味的碎草、麦秸或砻糠等保温物,填充高度离油毡筒上口3~4厘米。为了防止油毡筒被挤扁,可先将油毡筒填满压好,待外层填好后,再将筒内物料掏出,但不要掏完,应剩下20厘米厚,铺成前低后高,以利于排水。这时放进1块油毡圆片把碎草盖好,并将塑料袋放入油毡筒中,在油毡筒的前下方挖1个小孔,连接塑料袋的排水管由此孔伸出。塑料袋放入油毡筒后要将四周抚平,高出筒外一节,朝外向下翻,套在油毡筒的上口缘,并用铅丝圈牢,防止塑料袋往下滑。在塑料袋底部再放一圆垫片,盖住不平的皱褶,防止积水烂豆。

上述为1个油毡筒塑料袋的制作方法,一般5袋为1组,每袋加入5千克豆种,可生产50千克的豆芽成品,可每天连续生产。如果再扩大生产,则可增加油毡筒塑料袋数。保温槽除了用砖砌外,也可用木板等间隔,或用1个口径80厘米的大油毡筒,内装1个较小的油毡筒,两筒间隙为7厘米,间隙内填充保温材料。保温外套也可用大柳筐、草垫及废铁皮等代替,可以就地取材,灵活运用。

(二)大批量生产

大批量豆芽生产,要保持室内潮湿、阴暗和气流稳定。大批量豆芽生产,属经营性的专业化生产,多为流水作业,循环操作,每天既要浸豆、催芽,又要产出豆芽,不间断周转生产。器具多采用木桶,其规格可分大、中、小号3种,一般大号木桶可生产60千克豆芽,不能过多。各种规格的木桶底部都是活动的,可以方便拆卸,便于清洗、消毒和翻倒豆芽。在生产过程中,随着豆芽的伸长生长,不同规格的木桶可轮回周转使用,从而提高木桶的利用率。如在豆芽生产的第一、第二天,先放在小桶中培育。到第三、第四天,转放在中桶内培育。到最后的第五、第六天,才放在大木桶内培育。

淋水管理同一般豆芽生产,每次淋水前,将草袋、麻袋或多层纱布等覆盖物揭开,淋水后再及时遮盖严密。淋水次数一般夏季每隔4小时浇淋1次,冬季每隔6小时浇淋1次。注意浇淋豆芽时,每次都必须将桶内的豆芽浇透。由于生产批量大,要配备专业人员从事淋水管理。同时,由于用水量较大,可在室内挖井,采用井水浇淋。井水冬暖夏凉,可以直接浇淋;如果用自来水,冬天要掺对热水,以保持淋水温度在27℃左右。为便于管理,冬季室内要生火炉,专门用于浇热水等。

大批量生产豆芽,特别要注意消毒和防腐。一是进行豆种处理。选用新鲜、无病虫和无破碎烂粒的豆种,在温水中浸泡4~6小时,要求水面高出豆面2厘米,并在浸泡前期多搅动几次,待种子浸涨后捞出,再用3‰石灰水浸泡5分钟,不断搅拌,随后立即捞入温水中清洗干净。也可用 0.1％漂白粉混悬液搅拌消毒 10 分钟后,马上捞出用温水冲洗干净。二是注意器具的清洁和消毒。将生产用的木桶,经常放在阳光下暴晒,以杀死病菌。木桶在使用较长时间后,应经常检查、修整,及时换掉底部变质腐朽的部分,防止细菌孳生。同时,浇水用具和覆盖物等也要保持清洁,经常用开水浇淋消毒,或用石灰水消毒。方法是用 1 口水缸常贮石灰水,将所用设备和器具在石灰水中浸泡 1 小时以上,捞出后用清水冲洗干净。生产豆芽的工具应专用,不要与一般饮具混用。注意水源要干净,防止污染。

(三)无须根豆芽生产

在生产豆芽时,除长芽之外,同时也长根,由于根须较长,食用不便,若在食用前摘根,又较麻烦。所谓无根豆芽,实际上并非无根,只是无须根,只有秃头的胚根。与普通豆芽相比,主要有 5 个特点:①无根豆芽外观无须根,胚轴粗细一致,颜色洁白,嚼之无纤维感,感觉肥嫩、爽口。②无根豆芽子叶占 60％,胚轴和胚芽占 40％,而普通豆芽的须根占 10％以上,所以无根豆芽食用率比普通豆芽提高 10％以上。③无根豆芽品质良好,肥嫩、粗壮、爽口、食用方便,而且营养成分高,如维生素 C、氨基酸、糖等都有所提高。④无根豆芽不仅无须根,胚轴洁白,而且豆瓣没有红色斑点,符合制罐头出口的要求,所以可作为生产罐头的原料;另外,还可脱水制成干品,出口日本;有根豆芽须根长,颜色不白,豆瓣带红色,不适合制作罐头。⑤无根豆芽食用方便,可节省大量摘根时间。

关于无根豆芽培育的机理国内外有较多的研究。据 Ahmad 和 Mohamtd(1988)研究表明,在豆芽生产中用一些能产生乙烯的物质如乙烯利、对氯苯氧基乙酸等植物生长调节剂,在豆种浸泡后 24～60 小时进行处理,可使豆芽下胚轴膨大增粗,胚根长度缩短。

其机理是乙烯抑制了胚轴及根部细胞的伸长,促使细胞呈辐射状膨大。也有人认为,生产无根豆芽是由于植物的根、茎和芽等不同器官,对植物生长调节剂浓度的反应不同。一般根较敏感,需要较低的浓度,而促进芽和茎生长的浓度较高。因此,能促进芽和茎生长的施用浓度,往往能抑制根的生长。

生产无根豆芽的方法是在豆芽生长过程中,通过使用植物生长调节剂——无根豆芽药剂,抑制胚根及初生根的生长,促使胚轴粗壮,产品白嫩,食用方便,且营养成分较普通豆芽提高,食用率也提高。现介绍以下3种无根豆芽素及施用方法。

1. 用 NE-109 生产无根豆芽　江苏省南京市蔬菜研究所从1980年开始,经过3年试验,利用食品添加剂 NE-109(萘乙酸)培育无根豆芽,豆芽的食用率提高15%～20%。该技术经过江苏省及全国食品添加剂标准化技术委员会审定,认为是安全可行的。1984年全国食品添加剂标准化技术委员会第六次年会通过卫生标准,认为对豆芽无药害,对营养成分无破坏,食品安全,符合中华人民共和国卫生部颁发的食品添加剂的要求。

NE-109 为白色粉末,易溶于水,性质稳定,长期存放不变质。具有高效,易生物降解,对人、畜安全,对鱼类无害等特点。生产黄豆芽时使用 NE-109 1 号药剂和2号药剂。在培育过程中,用药剂处理2次,方法是:种子用清水浸4～6小时,再用 0.1% 漂白粉混悬液浸半分钟,搁置1分钟,然后用清水淘净,放入容器中。豆芽长至 1.8 厘米时,用 NE-109 1 号药剂溶液(每包对水 50～75 升水,水温控制在25℃左右),将豆芽浸泡1分钟,一般1千克黄豆用药液2～2.5升,处理后取出搁置4～6小时,再用清水淋洗。当芽长至5厘米时,用 NE-109 2 号药剂溶液(每包对水 50～60 升),浸泡2分钟取出,搁置5～6小时后再淋水。500 克黄豆第一次用药液 2.5 千克,第二次用药液 3 千克。第二次用 NE-109 处理后,当下胚轴伸长、胚根基部呈圆形、无须根时,即表明豆芽发育成熟,可以上市。用豆芽机培育豆芽时,黄豆芽用 NE-109 2 号药剂溶液(每包对水 250 升)处理 2 次,第一次在芽长至 1.8 厘米时,第二次在芽长至 5 厘米时,每次淋洗 9 分钟,2 次间隔约 1.5 小时。药液淋洗 4 次后,废弃另换新药液。

2. 用芽豆素生产无根豆芽 芽豆素是生产无根豆芽的专用制剂。不同类型的芽豆素可适用于黄豆、绿豆及蚕豆芽的生产。芽豆素具有高效,易被生物降解,在动物体内无蓄积和致癌作用,不污染环境,在豆芽体内基本无残留,对营养成分无破坏等特点。芽豆素为白色粉末,易溶于水,性质稳定,长期有效不变质,使用安全方便,对人、畜、鱼类无害。经过技术鉴定和安全性评价,符合中华人民共和国卫生部颁发的《食品安全性毒理学评价程序(试行)》的要求。

芽豆素的剂型有黄豆芽专用型(C-1 型芽豆素、C-2 型芽豆素)和绿豆芽专用型(D-1 型芽豆素、D-2 型芽豆素)。每袋重均为 5 克。适用于传统手工工艺操作,也可与豆芽机配套使用。

无根黄豆芽生产时,第一次处理,用 C-1 型芽豆素 1 袋,加水 25～37.5 升,当黄豆芽长至 0.5 厘米时,浸泡或淋浇 5～15 分钟,经 3～4 小时后淋清水。第二次处理,用 C-2 型芽豆素 1 袋,加水 25～37.5 升,当黄豆芽长至 4～4.5 厘米时淋浇,经 3～4 小时后淋清水。

3. 用 EN-609 生产无根豆芽 EN-609 为白色针状结晶,易溶于水,化学结构稳定,是培育无根绿豆芽和黄豆芽的专用剂。经山西省卫生防疫站进行食品卫生测定,符合国家安全食用标准。处理豆芽后,芽小根短,胚轴大,外观白胖,食之爽口。

(1)EN-609 与豆芽机配合使用方法 将豆种放入培养箱内,在 35℃条件下淋水 3 小时,随后将温度控制在 25℃左右。之后每隔 1.5 小时淋水 1 次,每次 10 分钟,共淋水 7 次,前后约 24 小时。第一次处理在豆芽长 1.8 厘米时,即豆种放入箱内 24 小时左右,用 EN-609 药剂 1 包,加水 80 升,每隔 1.5 小时淋洒 1 次,每次 9 分钟,共淋洒 4 次,约 4 小时,药液排净后再用清水淋 8 次,约 24 小时。第二次处理在豆芽长 5 厘米时,用 EN-609 淋洒,浓度和方法同第一次,将药排净后换上清水,每隔 1.5 小时淋水 1 次,一直到出售为止,约需 24 小时。

(2)EN-609 一般使用方法　当豆芽长至 1.8 厘米时,用 EN-609 药剂 1 包加水 35 升,浸泡 2 分钟,随后迅速排除药液,不可延时,以免皮层起泡。当豆芽长至 4 厘米时,再用同样浓度 EN-609 浸泡 2 分钟,迅速排除药液,不可延时,以免根部发红。

通常,1 包 EN-609 药剂可处理黄豆芽 3～4 千克,用过后倒掉,不宜再用。未用过的药液,下次还可用,不会变质失效。EN-609 使用的浓度范围较窄,在配制时要称准水的用量,待全部溶解后,才能使用。如果配水量不足,浓度过高会使豆芽畸变;如果配水过量,浓度过低,则达不到预期效果。同时药液要搅匀。温度会直接影响 EN-609 的溶解性和药剂效果,最佳温度为 25℃ 左右,如高于 30℃,药液容易失效;低于 20℃,作用降低,影响胚轴生长。

(四)用豆芽机生产

豆芽机是根据豆芽生长对环境条件的要求,通过自动控制系统,在育苗箱内营造一个适合豆芽生长的温度、湿度及空气组成的小环境,从而达到高效、优质、高产目的的生产机械。目前,市场上通用的豆芽机,按其生产方式分为水浸式和喷淋式 2 种,按生产量分为单机式和装置式 2 种。目前北京宇翔、诚达等单位制作了自控豆芽生长机。豆芽机由芽箱,温度自动控制装置,淋水自动控制装置,气体控制装置,排水管装置以及生长器等部分组成。用豆芽机生产豆芽,水可多次循环使用,若将无根豆芽药剂与豆芽机配套使用,生产无根豆芽,豆芽食用率可提高 30%,而且商品性好,经济效益高。

1. 豆芽机的类型及技术性能 豆芽机的种类和生产厂家很多，主要有 5 种类型（表 2）。目前我国普遍生产的是中、小型豆芽机，主要型号及技术性能如下：

表 2 豆芽机的主要类型

类 型	日产量(千克)
家用豆芽机	1～5
小型豆芽机	10～50
中型豆芽机	100～300
大型豆芽机	500～800
机器育苗场	1000～10000

（1）FH-1 型自动快速发芽机 220 伏交流电，50～60 赫兹，加热功率 2 千瓦，温度调节范围 18℃～35℃，连续可调；水箱容量 0.098 米³；育芽箱容积 3 米³；外形尺寸 820 毫米×450 毫米×1 350 毫米，机器净重 125 千克。

（2）DY-60 型自动豆芽机 额定产量 60 千克；220 伏交流电，50 赫兹，加热功率 2 千瓦；温度调节范围 21℃～32℃，连续可调；喷水时控 0～4 小时，连续可调；每次喷水延续时间 0～5 分钟，连续可调；育芽箱容积（6 个总和）1.63 米³；外形尺寸 850 毫米×590 毫米×1 500 毫米，整机净重 160 千克。

（3）ZYJ-200 型自控豆芽生长机 装豆量 30 千克（分装于 12 个盆式生长器）；产量 180～250 千克；220 伏交流电，50 赫兹；加热功率 2 千瓦（室温 23℃时，耗电量 35 千瓦时/周期）；耗水量小于 1 米³，工作环境温度 5℃～42℃，相对湿度小于或等于 85%；外形尺寸 135 毫米×980 毫米×1 900 毫米，整机净重 400 千克。

（4）ZYD 豆芽快速培育机 生产周期 2～3 天，可循环生产，每次生产豆芽 150～250 千克。1 千克黄豆可生产 7～10 千克黄豆芽，1 千克绿豆可生产 8～12 千克绿豆芽。220 伏交流电，50 赫兹;平均耗电功率,室温20℃,小于40瓦。耗水量不大于0.3米³/周期;外形尺寸1 500毫米×650毫米×1 050毫米。另外,机箱尺寸也可缩小。

2. 生产方法　豆芽机生产豆芽时,生产前培育容器及器具应进行清洗消毒,可选用0.2%漂白粉混悬液,或5%明矾溶液,或2%碳酸氢钠溶液浸泡消毒,然后用清水洗净。将选好的豆种,放入培养箱生长器内,将感温控头插入箱顶的探头架上,关紧箱门,温度调节在40℃处,连续循环淋水3小时后,将水排干换清水。之后每隔1.5小时淋水1次,每次10分钟,温度调节在21℃~23℃,进入正常管理。待豆芽平均长1.8厘米时进行第一次药剂处理,用NE-109 2号药剂将豆芽机水箱内的水配成1∶250 000的无根豆芽药液,用药液淋豆芽,每1.5小时淋1次,每次10分钟,共淋4次。之后将药液排净,换上清水,再每隔1.5小时淋清水1次,每次10分钟。豆芽平均长5厘米时,进行第二次药剂处理,处理方法与第一次相同,仍然是结合淋水,用1∶250 000的NE-109 2号药液,每1.5小时淋1次,每次10分钟,淋4次后排净药液换上清水,恢复正常管理,每1.5小时淋清水10分钟。一般3~3.5天豆芽达到商品标准,把其从培育箱内取出,放进水池漂去种皮,装筐销售。

(五)绿瓣豆芽生产

传统的豆芽是在完全黑暗环境中生产的,呈乳白色或乳黄色的芽体供食用。而绿瓣豆芽是在弱光条件下培育的子叶为浅绿色,下胚轴为乳白色的豆芽。绿瓣豆芽除子叶(豆瓣)颜色与传统豆芽不同外,其下胚轴较长,销售时捆成把或小包装上市,风味与传统豆芽相似,但维生素C含量高。绿瓣豆芽利用保护地栽培,方法简便,又采用沙培,清洁卫生,所以受到消费者的欢迎。

1. 生产方法　绿瓣豆芽目前多用黄豆、黑豆和红大豆栽培。

芽苗菜生产新技术

生产场地一般为日光温室、大棚等保护设施,采用育苗盘、盆或缸、木桶或发芽池等容器,但不可用铁器,以防铁锈污染。所用容器底部必须有排水孔,还需要麻袋、草苫或塑料膜等覆盖物。生产间每平方米用硫磺粉 250 克、锯末 500 克混合烟熏,密闭 12 小时后通风。生产器具用 40% 甲醛 100 倍液浸泡 30 分钟,或用 10 毫克/千克漂白粉混悬液浸泡 30 分钟,用清水洗净后放置 2 天待用。选择前茬无严重土传病害,土壤透气性、渗水性好的棚室,将地耕翻整平,做成南北向延长的畦床。床宽 120～150 厘米、深 10～20 厘米,床间筑 30～35 厘米宽的床埂。也可将地翻松、整平后用红砖铺砌床埂,做成地上式苗床。种子清选后,放入 50℃ 温水中,迅速搅动,约经 15 分钟,待水温降低至 30℃ 时,继续浸泡,夏天泡 12～14 小时;冬天泡 24 小时。如需培养无根豆芽,浸种时,每 10 千克种子用 50 升水,加 4 毫升无根芽豆素。种子捞出后,沥去多余水分。床底铺一层厚 2～3 厘米细河沙或细净土,轻轻抹平,按实,但勿踏压。然后播入种子,每平方米需播干种子 2.5～3.5 千克,粒挨粒铺平,不要成堆。播种后用平手掌轻轻按压,使豆种平放土上,然后盖 2～4 厘米厚潮湿细河沙并抹平。盖沙后立即喷 1 次水,要浇透,每平方米用水 1～2 升。播种后,夏秋季每 2 天喷水 1 次,冬春季 3～4 天喷水 1 次。播后 3 天,豆芽长约 3 厘米时重喷 1 次水,然后停灌,使床面板结。过 1～2 天,当豆种拱土"定橛"、床面出现裂缝时,将覆盖的河沙起走,使豆苗子叶微露,随即喷水,冲净叶上细沙,使豆芽全部露出来,再用湿麻袋、黑棉布或单层遮阳网遮阴。将河沙起走又称除沙,为避免触伤豆芽,最好用手抓(称抓沙)。抓沙后用干豆量 5～8 倍的水,均匀洒于地面,以利淋沙和保湿,以后根据畦内湿度,2～3 天喷 1 次水。上市前 2 天,最好另换白棉布或单层遮阳网覆盖,造成弱光条件,以利于子叶绿化。当豆芽长至 8 厘米时,除去遮阳物,进行见光处理,增色增绿。生长期间,棚室温度应不低于 14℃,不超过 30℃,以 20℃～25℃ 最为适宜。豆芽长至 1～3 厘米时,随喷水加入无根豆芽素,每毫升对水 2～2.5 升。一般经 6～12 天,当豆芽长 12～20 厘米,子叶半张开,尚未平展,真叶微露时采收。采收时,可用花铲或特制铁丝铲轻轻将豆苗兜底铲起,抖落净沙子后带根捆把。绿瓣大豆芽产品下胚轴比普通黄豆芽粗长,色泽乳白,小叶(豆瓣)绿色,形态美观,口感柔嫩,风味近似黄豆芽。通常 1 千克干种子,可生产 8～12 千克绿瓣豆芽。采完后培养基(沙子)应彻底淘洗干净或消毒,可将沙子放入 10 毫克/千克漂白粉混悬液中浸泡 30 分钟,用清水洗净后放置 2 天方可再用。

2. 注意事项 ①播种时容器内的种子不可太多太厚,否则底层种子受压力大,芽体弯曲细小,有时甚至不发芽而引起烂种。②发芽前必须倒缸,使缸内所有种子都处于同一环境中,利于发芽一致。③发芽后喷淋,不可冲动种子,应保持芽体不受损伤。④喷淋和浸泡要用同室温的清水,一直喷淋浸泡到种芽层内温度与室温相同,否则芽层内因呼吸散热,温度太高而引起烂种烂芽。⑤发芽初期如有腐烂,可用 4% 石灰水浸泡种子 1 分钟,再用清水洗净;如芽体伸长后出现腐烂,则应提前采收,然后对器皿进行消毒处理。

(六)豆芽生产中易发生的问题及防治

1. 豆种不发芽 主要由于豆种质量问题和处理效果不好而引起。豆种保存不当,遇到高温、高湿、受潮霉变;豆种本身为不成熟的嫩粒、病粒、虫粒和碎粒,已丧失发芽能力;发芽前未认真进行豆种处理和浸种,或培育豆芽时,温度过低,水分过少;浸种时间过长,或豆芽培育器具内的豆芽长期浸渍在水中,与空气隔绝,因缺氧而影响生芽。找出不发芽的原因,采取相应的防治措施。

2. 豆芽生长缓慢 主要原因是豆种质量差,或生产前豆种选择和处理得不好,使豆芽生长速度减慢;生产豆芽时气温和水温太低,生长过程中水分供应不足等。根据发生原因,采取相应的防治措施。

3. 豆芽生长细弱 发生的原因主要是生产周期过长,豆芽过于成熟老化,同时豆芽暴露在空间,与空气接触或见光时间太久;培育豆芽的温度过高,豆芽生长过快、过长,胚轴细弱;水分偏少,胚轴不能充分吸水生长。防治措施:缩短生产周期,掌握在胚轴充分伸长、子叶始露时及时采收;在培育容器上方,用草袋、麻袋、稻草等遮盖严密,避免与空气直接接触。淋水后注意及时将覆盖物盖上;温度过高时,要用冷水浇淋。同时,将容器放在遮阴和空气流动较稳定处。按时淋水,每次淋透。

4. 烂豆芽 烂豆芽是由于病菌侵染引起,通常在培育后3～4天开始出现。一般在胚轴的底部或胚根上部开始溃烂,然后逐渐扩大、蔓延,严重时整个容器内的豆芽全部腐烂,导致"烂缸"。引起烂豆芽的原因有:用水不清洁、水中含有机物多、有致病的细菌,或由于淋水不及时、不均匀;培育容器和水桶、草囤及覆盖物等消毒不彻底或沾有油污;豆种本身已发霉变质,或带有病菌,还有些病虫豆粒和破瓣粒不会发芽,亦容易腐烂;气温变化大,时冷时热,特别容易发生烂豆芽;培育豆芽时温度过低,延长了育芽天数,也容易导致病菌侵染,引起烂豆芽;培育时温度过高,而淋水时水温又过低,也易造成烂豆芽。防止烂豆芽的措施有以下几项。

(1)豆芽生产场地及时消毒 场地、土房及器具应保持清洁,经常消毒。场内严禁堆放化肥、农药、柴油、油脂及其他化学药品,豆芽生产人员严禁接触油污、化学药品,不要用脂质润肤品、头油、化妆品等,饮酒后切勿进入场内,防止细菌侵入。生产豆芽的容器及器具等,要经常保持清洁卫生,特别是对有腐斑的容器要严格消毒。可选用0.2%漂白粉混悬液,或5%明矾溶液浸泡消毒。也可用沸水煮烫、太阳暴晒等方法进行简易消毒处理。对培育豆芽的缸应进行加温消毒,方法是将缸扣在烧旺火的煤炉上进行高温消毒,在近地面垫一木条,留出一小口,以利通气。经半小时后,将缸翻过来,把煤炉放入缸中,继续高温消毒半小时,即可将病菌全部杀死。

(2)豆种处理　用 0.2%漂白粉混悬液,或 5%石灰水,或 2%碳酸氢钠溶液洗种,也可用热水烫种,既可对豆种表皮消毒杀菌,同时又可调整豆种发芽时酶的活性,提高发芽率。

(3)控制育芽温度　要求室温保持在 20℃～25℃,不低于20℃,不高于 27℃。在气温冷热发生较大变动时,应通过淋水的方法调节与控制温度,防止烂豆芽。每次淋水都要让全部豆芽浸泡在水中,使豆芽温度与水温趋于一致。同时保持培育豆芽容器周围环境的温度,温度过低影响豆芽生长时,应采取加温措施提高室温,或在容器四周加保温层,减少热量的散失,或用温水淋浇容器,以免由于温度低,培育天数延长而导致豆芽霉烂。

(4)水质要清洁　最好用新鲜的井水或自来水,不能用不清洁的河塘水。浇淋水要适时,一般每 4～6 小时淋 1 次。夏季容器内温度易升高,淋水的次数应增加,水温要低,淋水量要大。每次淋水都要淋透、淋均匀,如水温较高,可在水中加入少量石灰或明矾。冬季采用温水浇淋。及时淋水可使豆芽新陈代谢后产生的废污物质及时排出。

(5)使用消毒净　消毒净为白色结晶粉末,具有高效、安全、无残留的特点,是一种较好的消毒剂,能杀灭细菌、真菌、结核杆菌、蜡样杆菌、大肠杆菌、芽孢和病毒等。消毒净对人、畜安全,无蓄积毒性和诱变作用。用消毒净 3 000 倍液淘洗浸泡 3～5 分钟,即可消灭豆种表皮的各种病菌。在豆芽生长期间与发病初期,用消毒净 500 倍液喷洒 1～2 次,可抑制病菌孳生;在发病中期,用消毒净300 倍液浸泡病豆 10～15 秒钟,可达到控制蔓延的目的;在发病后期,用消毒净 500 倍液喷洒病豆芽,然后挖坑深埋,并将器具用消毒净 200 倍液浸泡 3～5 小时,可防止以后发病。

5. 豆芽易长须根（又叫花根） 生产豆芽时,有时须根又长、又多、又密,生产无根豆芽时,也会长出须根来。水温太高,或浇水间隔时间太短,易造成只长根不长胚轴。为防止豆芽长须根,可在生长期间,注意调节与控制生产环境的温度,使其适合豆芽生长;淋水时用冷水降低温度;将培育豆芽的容器放置在能遮光,同时空气流动稳定的场所,并在豆芽表面及四周遮盖严实,不要经常揭开遮盖物;观察豆芽生长时,应尽量减少豆芽与空气接触的时间;适当延长浇水间隔时间;采用无根豆芽调节剂抑制根的生长,但应注意合理配制。

6. 豆芽红根 在豆芽胚轴底部出现红棕色,即为豆芽"感冒",影响豆芽生长和外观形态。这是由于在豆芽生长期间,不按时淋浇水、淋水温度忽冷忽热、淋水时间忽长忽短、淋水的水量不足、散热不好等原因造成的。因此,生产中要严格掌握好水温,定时淋水,控制好室内的温度,淋水量要充足,以促进热量散发。切忌让豆芽忽冷忽热和脱水伤芽。

7. 热芽（或称烫芽、烧芽） 豆芽生长初期,开始出现发红发暗,生长停滞,随后呈水渍状霉烂。这是由于温度过高,淋水不及时、不均匀所造成。因此,在育芽初期淋浇水时,要注意淋透、浇透并淋浇均匀。最好先用比豆芽内温度低3℃～5℃的水淋浇,再用常规水淋一遍或进行浸泡,但浸泡时间不宜过长,或在淋水时要兜底翻动,消灭死角,尽量避免豆芽在幼芽时受热。

8. 芽根发黑 冬季生产豆芽时,豆芽根部易发暗、发黑霉变,芽茎色泽不鲜,子叶也易霉变,出现烂斑。这是由于在生长中期,淋水水温太低所致。因此,要注意提高水温,补充热量,使豆芽正常生长。

9. 豆芽折腰 豆芽折腰表现为豆芽两头好中间烂,降低商品质量和食用价值。这是由于生产周期过长,后期淋水温度过高,豆芽太长所致。因此,生产中要注意降低最后3次淋水的水温,观察豆芽长势,必要时采取消毒杀菌手段,同时要及时出售。

10. 花脚膀、烂根斑　根部短,无须根,胚轴下部有红斑,烂根,豆芽呈红褐色。多由于在生长初期至中期冷热大起大落所致,以 3～4 月份最多见。因此,生产中淋水时要掌握水温,不能忽冷忽热,水温要稳定。出现这种现象的豆芽一般难以挽救,应尽快采收按质论价出售。有时,在生长过程中,豆芽生长一切正常,但胚芽好像受到抑制,无根尖长出,且根部呈椭圆形,豆芽粗短。这是由于喷施药剂不当所致,特别是一些无根药剂,如 EN-609、NE-109 等,配制浓度过高或喷施量过多,就会出现这种现象。

11. 老鼠洞　有一团一团的烂糊陷窝(称为老鼠洞),严重时大面积豆芽坍下去。主要是由于在豆芽生长初期,热量没有完全散尽,造成生长中期烂糊陷窝。黄豆芽胚轴粗,豆瓣大,豆芽之间的间隙大,相对地说热量比较容易散发;而绿豆芽的芽头和胚轴粗细差不多,间隙小,热量难散发。特别是在夏天生产时,更需充分散尽热量。陷窝的烂糊豆芽要及时去掉,以防止扩散蔓延。

一团团的烂糊窝团俗称"刺猬团",症状与老鼠洞相似,严重时,满缸出现,造成塌缸现象。主要是育芽器内,种豆不纯不精,病豆、瘪豆、破碎或腐烂豆粒多,含有大量细菌,吸水后膨胀腐烂。防治措施:选择种豆时,严格按操作程序,剔除病豆、碎豆和瘪豆,并进行消毒处理。在预生过程中,要对豆种进行搅拌、翻动;淋水期间注意水质,采用干净的水源,调节好水温,为了不使豆芽黏团,在初期淋浇水时,可用干净的手轻轻搅拌种豆,以免霉烂豆粒成团。

12. 伤水　又叫伤芽,表现为根长,颜色呈糙米色,发脆易断,芽体出现水渍斑。在豆芽长至 2 厘米后,由于室温太低或浇水过多、过频,豆芽达不到生长所需的正常温度,这种情况在冬天多见。生产中应注意提高室温和水温,减少浇水量。

13. 坐僵　又叫坐缸,表现为豆瓣大、胚轴细,豆芽生长无力。是由于浸豆过于膨胀,致使芽头变形增大,缸下面 40% 的豆芽发酸、发臭,出水洞流出白浆水。排水太慢缸内有积水,豆芽内持续高温,也能造成坐僵。生产中要掌握适度的浸豆时间,同时加快排水速度。

14. 豆芽长势不均 一个容器内豆芽长势不均,有的芽长,有的芽短,形成蘑菇状,一般表现为容器四周豆芽同中间的生长不一致。这是由于容器内温度不一致所致。冬季,外界温度低,容器四周温度比中间低,四周豆芽生长比中间的慢;夏季则相反,四周豆芽生长比中间要快。所以,在生产过程中,一定要将容器四周的保温物填实,起到保温效果。也可用淋水调节温度的方法,改变豆芽长势不均的现象。

有时出现"缸头菜",即处于容器上层的豆芽,因受氧气侵袭和外界气候的影响,同时又因没有压力,松散性强,致使豆芽长得细弱、修长,粗纤维增多,严重的子叶长出,根部比例扩大,品质较次。防止缸头菜有两种方法:①拉上门窗上的布帘,控制生产房内的空气流通和光照。用棉被、稻草等覆盖物遮盖严实育苗容器,不要随便掀开,淋水后迅速密封。②可用高效助壮无叶剂或无叶激素剂等溶液喷洒,抑制根、叶生长,促进芽体萌动。

15. 豆芽畸形与异味 有的豆芽长得特别粗壮发胖,稍有酸味并伴有氨气味。这是由于个别商贩利用尿素及一些铵肥对豆芽催长所致,有的甚至用除草剂催生豆芽。在生产过程中,化肥会产生对人体有害的杂质,如缩二脲、缩三脲、三聚氰胺等。同时,化肥中所含的氨化合物有部分会转变成亚硝酸铵,危害人体健康。由于豆芽生长期短,化肥本身不能完全分解,人吃后会引起中毒。因此,生产豆芽必须绝对禁止使用化肥和除草剂。

(七)黄豆芽简易保鲜方法

为延长豆芽保鲜期,一般在采收后送入冷库,用3℃～8℃低温进行预冷,然后用塑料袋真空包装,每袋150克左右,可延长保鲜期 3～5 天。家庭生产黄豆芽,可用塑料袋包装好,放在冰箱冷藏室内,能保鲜 2～3 天。

(八)黄豆芽食用方法

黄豆芽是我国传统的家常便菜,可炒食、煨汤、凉拌,能烹调出许多名菜。

1. 素炒黄豆芽 黄豆芽 500 克,植物油 25 克,酱油 15 克,白糖 1 克,盐 5 克。将黄豆芽洗净,沥干水。锅烧热放油,待油热将豆芽放入,炒至半熟,加酱油、盐、水少许,焖烧 2～3 分钟后加糖翻炒几下出锅。

2. 黑木耳拌豆芽 黄豆芽 500 克,水发黑木耳丝 50 克,麻油、精盐、味精各适量。将黄豆芽放沸水中煮熟取出放盘中,撒上盐拌匀。黑木耳丝用水焯熟,捞起装盘。两者拌和在一起,加入麻油、味精,拌匀。

3. 糖醋黄豆芽 黄豆芽 500 克,植物油 20 克,青蒜 2 根,酱油、醋、糖、盐、味精、花椒各少许。黄豆芽去根,洗净,沥去水。青蒜切末。锅烧热放油,放入花椒、盐,炸香,加入黄豆芽煸炒,略加酱油,再翻炒两下,加入糖、醋翻炒均匀,然后放味精、蒜末,出锅装盘。

4. 黄豆芽炒肉丝 黄豆芽 250 克,猪瘦肉(或牛、羊肉)150 克,植物油 30 克,葱、姜、蒜末各少许,料酒、醋、精盐、味精适量。黄豆芽去根洗净,肉、葱、姜切丝,油锅烧至五六成热时,倒入肉丝翻炒,放入葱、姜丝和蒜末,再加入豆芽,炒至豆芽断生后,少加些醋和适量味精,即可出锅装盘。

5. 香椿拌黄豆芽 黄豆芽 200 克,香椿 25 克,香油 10 克,精盐、味精各少许。将黄豆芽洗净,用沸水焯一下,捞出、沥干水分。香椿芽切成 3 厘米长的段,投入沸水中焯一下,捞出、沥去水。将豆芽装盘,加入盐、味精、香油拌匀,再将香椿丝排放在豆芽上即成。

6. 黄豆芽汤 ①黄豆芽 150 克,姜丝、盐、味精少许,油豆腐或雪里蕻适量。将黄豆芽洗净,沥去水。锅烧热放油,放入姜丝、黄豆芽翻炒几下,加水煮沸,放入油豆腐或雪里蕻,小火煮至汤汁变浓,加入盐、味精。②荤烧黄豆芽汤。在炖猪蹄、肉骨头、猪肚、排骨或牛肉汤时,炖至半熟,加入黄豆芽同炖,这样汤汁更浓,味更鲜美,营养也特别丰富。如果再加点番茄,其色、味更佳。③黄豆芽放入沸水煮熟,然后下番茄片、麻油、精盐、味精调味,煮沸即起锅。④黄豆芽洗净,猪血划成小方块,用清水漂净,然后用油少许,爆香蒜茸、葱、姜末,放入猪血,适量黄酒,加水煮沸后放入黄豆芽,豆芽煮熟,用盐、味精调味。

二、绿豆芽袋装生产技术

绿豆芽又称掐菜、如意银针等,富含维生素,有预防消化道癌症的功效。长期食用能消除血管壁中胆固醇和脂肪的堆积,防止心血管病变,还可清热解毒,利尿除湿,解酒。绿豆在发芽过程中,维生素 C 会增加很多,而部分蛋白质会分解为各种人体所需要的氨基酸,可达到原绿豆含量的 7 倍。据说,第二次世界大战中美国海军因无意中吃了受潮发芽的绿豆,竟治愈了困扰全军多日的坏血病,这是因为豆芽中含有丰富的维生素 C。此外,绿豆芽富含纤维素,是便秘患者的健康蔬菜,含有维生素 B_2,对口腔溃疡有一定疗效。绿豆芽是怯痰火湿热的家常蔬菜,凡体质属痰火湿热者,血压偏高或血脂偏高者,多嗜烟酒肥腻者,常吃绿豆芽,可起到清肠胃、解热毒、洁牙齿的作用。

绿豆的最低发芽温度为 2℃,豆芽最佳生长温度为 25℃。温度过低(18℃以下)生长缓慢,芽体不白,生长周期长,产量低;温度过高(超过 30℃),生长加快,豆芽细弱,有柴筋,品质差,而且容易烧芽烂缸。适合豆芽生产的空气成分是氧10％、二氧化碳10％、氮80％,而空气中自然成分是氧22％、二氧化碳0.03％、氮78％,不适合豆芽生产。所以,生产豆芽,必须改变空气成分,降低光照,适时补水。无根须绿豆芽的培育流程如下:

称量种子→漂洗→烫豆→浸泡→装罐预生→淋水→预生结束→下罐进入生长期→小芽→药物控制根须→二芽→淋水→药物控制根须→淋水→中芽→淋水→长芽→出罐→漂洗去除豆皮→称取产量→批发零售

注:小芽指豆芽长0.5～2.5厘米,二芽2.5～4.5厘米,中芽4.5～6.5厘米,长芽6.5厘米以上。

绿豆芽产品规格:芽身挺直,无弯曲,粗细长短基本一致,短豆芽所占比例不超过4％;根茎雪白晶莹,无红根、黑根、烂根等不良芽菜;萎缩豆瓣呈鲜黄色,无斑点和浆烂,胚轴长12～23厘米、横径4～6毫米;口味发甜,爽脆多汁。

(一)豆种的选择和处理

豆种应选择颗粒饱满而带光泽的豆粒。毛绿豆应选择青绿色、饱满、无虫蛀、无霉烂、无残缺豆,发芽势强的豆粒。主产于黑龙江省杜尔伯特蒙古族自治县的小明豆,颗粒较小,颜色浅绿,发光发亮,种豆表皮覆盖蜡质。习惯称为东北豆、笨豆,适合生产细长豆芽。小明豆对药物敏感、喜凉怕热、抗病力较弱,用其生产豆芽时须加以注意。

用铁筛将豆种中的泥土和碎小豆粒筛除,用簸箕簸除残留的柴草、豆荚,再利用风力扬撒,除去瘪粒、虫蛀粒等。然后用水漂洗,除去泥土杂质、嫩粒和虫蛀籽。漂洗后倒入大盆中,加80℃～90℃的热水烫豆消毒5分钟。冬季烫豆5千克需加热水4升,春秋季需热水5升,夏季需热水4升。然后加冷水降温至45℃左右进行浸泡,要求水淹没豆面66毫米。浸泡后,种豆表皮软化、破裂,胚芽容易显露出来。

浸种时还可与药物一起使用:在浸泡种豆的水温降至 30℃ 以下时,按 5 千克种豆,加入无根素 1 支、增粗剂 1 支、多功能杀菌剂 1 支,分别倒入盆内,搅拌均匀,并将泡豆容器移入培育室,浸泡 4～6 小时。浸泡期内,每小时兜底翻动 1 次,以保证上、下豆种全部浸透。

(二)豆芽的预生

豆种浸泡好后捞出,用 3.5％ 石灰水浸泡 2 分钟左右消毒,然后捞入 30℃ 温水中清洗干净,倒入竹筛、竹篮等内,控净水分,放入育苗罐内。罐用限氧塑料布盖住 2/3 左右,并用保温被将罐口全部封闭严实,预生 9～15 小时。预生过程中,每隔 3～4 小时淋浇 1 次水,每次用水量 10 升。水温四季变化在 25℃～30℃ 之间。淋浇前把塑料排水管的塞子拔开,排完后马上把塞子堵严。在预生过程中,淋浇的间隔时间不要过长。因为此时种豆还是豆粒,蕴含不住水分,无法保持湿度,如果淋浇间隔时间过长,种豆会因表皮干裂,造成干缩或出芽无力。另外,在严冬和初春,上层豆种会因室温偏低而出芽缓慢。所以,必要时可在预生过程中,在冲水前将豆种上下翻倒几下,以便受热均匀,出芽整齐一致。豆种预生主要是使其在正式进入育芽罐前露出 5 毫米的小白芽。

(三)冲　淋

把预生催出芽的种豆,连竹筛一起从育芽罐中端出,用劲晃动几下,使粘连在一起的豆粒松散。然后倒入育苗罐中,边倒边用手轻轻、慢慢地摊平,使之厚度均匀一致。整好后淋浇 30℃ 温水 10 升。淋水最好用浇花的喷壶喷淋,每次必须淋透,不能留空白点。否则,容易出现高温烧芽、黑紫色芽或刺猬团(俗称老鸹窝)现象。淋浇完后,及时将罐口封盖严实,同时把排完水的塑料管口用玉米轴或碎布团等物塞堵住,预防冷空气流入,造成近排水管部位芽体须根繁多。以后每隔 6 小时淋浇 1 次,水温 22℃。第二次冲淋无根药液 12 小时后,豆芽自发热量明显降低。为促进豆芽快长,可将冲水温度提高至 27℃左右,以免豆芽头大芽细,质量次,产量低。如冲水温度忽高忽低,或限氧塑料布掀得过少,会使豆芽根部发红发黑,生长慢,芽体不白。淋水温度过高或淋水量太少,淋浇不透,在豆芽生长前期极易烧芽,出现熟烫芽或烂根芽。如果限氧塑料布掀得过多,罐内氧气充足,豆芽会烂头,而且叶片长得较大,受阳光照射,叶片会变绿。靠近门窗的育芽罐,开罐时易受冷风侵袭,上层豆芽会呈现粉红色或紫红色。因此,在种豆发芽期和小芽生长期温度应稍高。芽前,最好用 27℃～30℃的温水淋浇,小芽和中芽时用 21℃～24℃的水淋浇。此期间温度太高,豆芽因生长过快而瘦弱细长、粗纤维增多,质量差;大芽期,淋水温度必须提高至 27℃以上,以弥补豆芽自身发热量的不足。浇淋豆芽的用水量,一般以淋浇到上面冲入水的温度与下面排出水的温度基本一致为标准,下面排出的水温比上面冲入的水温相差不能超过 2℃。前期豆芽自发热量高,水分消耗较快,淋浇间隔时间可短一些;后期自发热量低,水分消耗慢,淋浇间隔时间可长一些。一般每隔 6 小时淋浇 1 次。

(四)药剂控制根须生长

种豆生成豆芽,除了长芽之外,同时也有根,而且须根较长。无根豆芽从外观上看没有根,实际上不是无根,而是只有秃头的胚根,没有须根。用调节剂对豆芽进行处理,可生产出完全不生须根的豆芽。

1. 用 NE-109 生产无根豆芽 NE-109 易溶于水,每包重量 1克,使用时需加水 30～35 升。生产无根绿豆芽一般需处理 2 次,第一次当绿豆芽长至 1.8 厘米时,用药液浸泡 1 分钟,2～5 小时后淋清水,每千克绿豆需药液 2～2.5 升。第二次当绿豆芽长至 4 厘米时浸泡 1 分钟,每千克绿豆需药液 3.5～4 升,2～4 小时后淋清水,然后正常管理直至出售。生产中应注意,在使用药液时,温度不超过 25℃。如果出现豆芽根部发红、色泽灰暗、皮层发青、豆芽粗短时,应先淋水降温,然后再进行处理,同时要增加对水量,降低药液浓度;药液淋入前,须拔开排水管的塞子,以便药液尽快排出。冲药液后 4～6 小时仍按常规方法管理;NE-109 应存放在阴凉、通风、干燥处,防止受潮。NE-109 性质稳定,没用完的药液,下次可接着用。

2. 用芽豆素生产无根豆芽 芽豆素是生产无根豆芽的专用制剂,由浙江工业学院黄岩精细工厂制造,浙江农业大学监制,适用于黄豆芽、绿豆芽及蚕豆芽等。芽豆素为白色粉末,易溶于水,性质稳定,长期有效不变质,每袋 5 克。绿豆芽专用型(D-1 型和 D-2 型),适用于传统手工工艺操作,也可与豆芽机配合使用,生产无根绿豆芽需处理 2 次,第一次,用 D-1 型芽豆素 1 袋,加水 25～37.5 升,当绿豆芽长至 0.5 厘米时浸泡或淋浇 5～10 分钟,经 3～4 小时后淋清水。第二次,用 D-2 型芽豆素 1 袋,加水 25～37.5升,当豆芽长至 4 厘米时浸泡或淋浇 5～15 分钟,经 3～4 小时后淋清水。

3. 用 EN-609 生产无根豆芽 EN-609 为白色针状结晶,易溶于水,化学性质稳定,是培育无根绿豆芽的专用剂。

(1)EN-609 与豆芽机配合使用方法 第一次处理:将豆种放入箱内 24 小时左右,芽长至 1.8 厘米时,用 EN-609 剂 1 包,加水62.5 升,每隔 1.5 小时淋洒 1 次,每次 9 分钟,共淋洒 4 次,约 4 小时,待药液排净后再换清水淋洒 8 次。第二次:当豆芽长至 4 厘米时,再用 EN-609 淋洒,药液浓度及方法同第一次。将药液排净后换上清水,每隔 1.5 小时淋水 1 次,直到出售。

(2)EN-609 一般使用方法 当芽长至 1.8 厘米时,用 EN-609

药剂1包加水35升,浸泡1分钟后迅速排除药液,不可延时,以免皮层起泡。当豆芽长至4厘米时,再用同样浓度浸泡1分钟,迅速排除药液,不可延时,以免根部发红。通常1包EN-609药剂可处理绿豆芽5~6千克。用过后的药液倒掉,不宜再用;未用过的药液,下次还可再用。

(五)豆芽最佳出罐期与去皮除杂

1. 最佳出罐期　正常情况下,绿豆芽约经96小时,芽长至120毫米以上时,豆皮自行脱落,豆芽雪白如玉,晶莹鲜嫩,全部呈现浓蛋黄色,无绿叶,无毛须侧根,外观干净漂亮,豆瓣全部萎缩,此时为最佳出罐上市期。

2. 分离豆皮的操作方法　豆皮自行脱落后与豆芽混在一起,上市前应进行分离。分离的方法是向育芽罐内淋浇些冷水,使之降温变脆,然后取出3~5千克或更多豆芽,放入竹筛中,使劲晃动几下,使豆芽与豆皮分离,倒入盛有冷水的大水泥池中,或用其他能盛水的大口浅底容器如大锅等中,用笊篱搅翻几下,借水的浮力和冲击力使豆芽与豆皮分离,绝大部分豆皮沉入水底,少部分漂浮水面。然后用笊篱或笤帚将漂浮在水面上的豆皮和个别断碎根茎归拢在锅或水泥池的一边,把豆芽取出。把漂浮在水面的豆皮及杂质捞净,再继续放入豆芽,直到将豆芽全部去皮干净。罐内豆芽出完后,把沉在锅底和漂浮在水面的豆皮及断碎根茎捞出。

豆芽出罐后,不可用明矾进行浸泡增白,这是因为明矾是一种含有较大比重铅的无机物,人们长期摄入会引起神经、消化、泌尿及造血系统的病变。如果想保鲜增白,可用增白保鲜粉处理:在豆芽出罐前3.5小时,取增白保鲜粉1袋的1/4对水5升,用喷壶喷淋4~5分钟。喷淋时注意温度和湿度,一般在温度为24℃、空气相对湿度为80%的环境条件下效果最好。另外,该药剂是气体型处理剂,溶化后很快就会释放大量气体,所以溶解用水的温度越高,释放速度越快,故最好现用现配。豆芽出完后,立即把塑料圆垫片、塑料袋、排水塑料管放入清水中,刷洗干净,然后放入3.5%石灰水中浸泡半小时以上,捞出用清水洗净,置阴凉干燥通风处晾干、备用。也可用0.1%漂白粉混悬液消毒处理。

(六)绿豆芽食用方法

1. 凉拌绿豆芽 绿豆芽500克,葱1根,植物油30克,精盐5克,花椒粉、味精、醋、酱油适量。豆芽洗净入沸水中焯一下,捞入盘中放上葱丝;炒锅烧热,倒入植物油,油热后放花椒粉,然后浇到豆芽上,拌入精盐、味精、醋、酱油即可。

2. 醋烹豆芽菜 绿豆芽500克,猪油100克,花椒5~10粒,醋15克,蒜末25克,精盐20克,味精10克,香葱、香油各少许。将绿豆芽洗净,沥去水分。炒锅烧热,放入猪油,投入花椒,炸出香味,放入豆芽煸炒,加醋、蒜末、香葱、盐及味精,翻炒几下,豆芽断生即熟,出锅淋香油。

3. 绿豆芽炒韭菜 绿豆芽300克,韭菜150克,植物油30克,精盐、味精适量。韭菜切成3厘米长的段,锅内油沸后加适量精盐,再放绿豆芽,随炒随加少量水,沸后把韭菜放入再炒。当韭菜显出油亮时,加适量味精后拌匀即可。

4. 三丝拌银芽 绿豆芽150克,水发海带150克,香干3块,水发绿豆粉线50克,酱油、米醋、芝麻酱、精盐、白糖、味精适量。水发海带和香干分别用沸水稍焯后切丝沥干。粉线切成段,与绿豆芽一起用咸沸水焯1分钟后沥干,各种原料拌和在一起,加入调料拌匀。如嗜辣可加上辣油。

5. 豆芽肉丝 瘦肉150克,绿豆芽750克,榨菜100克,蒜苗100克,虾米5克,植物油75克,鸡蛋清1个,胡萝卜1根,淀粉、精盐、味精、胡椒粉、米醋、甜面酱、蒜、辣椒各少许。瘦肉切丝,用蛋清及水淀粉拌匀,绿豆芽洗净沥干,榨菜、胡萝卜、姜切丝,蒜苗切 3 厘米段,虾米用温水浸涨。炒锅放油,烧至五六成热时,将肉丝滑开,拨在一边,下姜丝略煸炒,放入绿豆芽、蒜苗、胡萝卜、榨菜丝翻炒,待豆芽断生再放甜面酱、胡椒粉、盐、味精、辣椒油、米醋少许,起锅装盘。

6. 银针浮动 绿豆芽 100 克,香菇 100 克,盐、葱花、熟猪油、胡椒粉、水淀粉、味精适量。豆芽用沸水焯一下,香菇切丝,汤锅沸后勾入水淀粉,放入豆芽、香菇,放入调料,稍沸出锅时加入熟猪油、胡椒粉、葱花即可。

三、蚕豆芽生产技术

蚕豆别名胡豆、佛豆、罗汉豆,豆科蝶形花亚科蚕豆属越年生或 1 年生草本植物。是人类栽培最古老的食用豆类作物,已有 4 000 多年的栽培历史,我国有 2 000 多年的栽培历史,是我国三大传统芽菜之一。

(一)生产流程

蚕豆→挑选→过秤→入缸→淘洗→浇水→沥干→萌芽→漂洗→入缸→浇水→小芽→盖包→浇水→中芽→长芽→采收→装篮→过秤→出售

(二)规格质量

芽长不超过 2.5 厘米,双芽不超过 10%。无红眼,芽脚不软,无烂豆粒,壳内无积水。白皮豆、无芽豆不超过 5%,青皮豆、无芽豆不超过 10%,虫蛀豆不超过 5%。每千克豆种生产蚕豆芽 2.2千克左右。

(三)原料选择

蚕豆按种子大小分为大粒种、中粒种和小粒种。千粒重 800 克以上为大粒种,650～800 克为中粒种,400～650 克为小粒种。种子扁平椭圆形,出苗时子叶不出土。主要食用部分为子叶和幼芽。

生产蚕豆芽的种豆应选择种皮厚,千粒重 700 克以上的品种,如江苏启东 1 号、浙江虞田鸡青等。要求颗粒饱满,胚芽突出,瘪籽、嫩籽不超过 5%,拣出虫蛀豆。青、白、黄、棕色豆混在一起时,最好能拣成清一色。

蚕豆产地广,品种多,以江、浙两省为主产区。浙江嘉兴地区和上海市金山区的红光青蚕豆,粒小色青、饱满、皮薄、出芽快、出芽率高,口味香糯,易酥,是最好的品种。宁波、余姚、启东、崇明和嘉定的蚕豆品种,粒大、皮厚、出芽慢、口味粳性。云南、四川的小白豆,皮薄,出芽率高,一烧就酥,口味糯,但属淡性。

(四)生产操作方法

蚕豆喜温暖湿润,不耐暑热,较耐寒,发芽的最低温度为 3℃～4℃、最高温度为 30℃～35℃、最适温度为 16℃,生长适温为 18℃～27℃。生长期间要求湿润条件,种子萌发需吸收相当于种子本身重量的 110%～120% 水分才能发芽。为保证产品质量,生产要求遮光环境。有传统生产方法和家庭简易生产方法 2 种。传统生产方法是在遮光避风的室内进行,可用缸、桶、水泥池或自制草囤。草囤制作方法是用经太阳暴晒、干燥无霉烂的稻草、谷草、麦秸、青草编结或草片缝制成有底、有盖的圆形草囤,草囤外用牛皮纸包裹好,囤内用塑料薄膜衬垫,囤下端固定一个小管,以利自然排水。为避免烂豆,生产前必须对器具及场地消毒。干蚕豆种皮厚而坚硬,一般应浸种 36 小时,如用新鲜蚕豆浸泡 6～12 小时即可,每3～4小时换水淘洗1次。待蚕豆泡涨,无瘪、无皱纹,切开断面无白心,豆嘴处皮壳未开裂时浸种结束。将其装入网袋,放入3％石灰水中浸泡5分钟,取出用清水冲洗2遍,沥干,用湿麻袋或棉布包裹,放催芽器中催芽。1天后80％豆种露白时取出淘洗,转入培育容器。把沥干水的蚕豆放入培育容器中,灌满水,然后将水慢慢全部排净,再盖上湿麻袋或草包。收获前一般不再浇水,但若气温高,空气干燥,须用细眼喷壶喷淋少量水,防止风干。蚕豆芽生长时对室温、水温要求较低,一般四季均可利用自然温度的水喷淋,室温在10℃～30℃均可生产。若气温偏高,可通过室外遮光,室内喷水、通风等措施降温;气温偏低,可通过灶、炉等设施提高温度。传统生产方法生产的蚕豆芽以短芽为宜,一般芽长1～2.5厘米时采收。将发好的蚕豆芽取出,剔去烂豆粒和未发芽豆粒,用水浸泡6～8小时,装箩沥水上市。

　　家庭简易生产时,可选择温暖、避免阳光直射的厨内、墙角、窗边、阳台等处。用废弃的器皿、塑料袋等如罐头瓶、陶罐,一次性快餐盒等,利用洁净的毛巾、纱布覆盖。生产前,将培养容器和覆盖用纱布、毛巾等放入开水中浸烫15～30分钟,取出晾晒干;或用餐具消毒剂浸泡10分钟后清水冲洗干净。一般1千克豆种生产3千克左右的蚕豆芽。选取蚕豆种,放入60℃热水中浸泡10分钟,再加入冷水浸泡30小时,其间每隔5～6小时淘洗换水1次。结束后淘洗去黏液和污物,取出沥干,装入培养容器,用纱布或毛巾遮盖。6小时后向培养容器内注水,水没过蚕豆表面,浸泡2～3分钟,倾斜容器,倒去水,重复2遍,沥干水,盖上毛巾或纱布,芽长1厘米时采收。

　　蚕豆芽生长对室温、水温要求较低,一般用自然温度的水浇淋、浸泡。一年中大致可分为4～6月份、9～11月份和12月份至翌年3月份等生产季节,气候条件不同,操作方法稍有差异(表3至表5)。

表 3　室温 20℃～30℃，生产周期四天半的操作方法

阶　段	时　间	生长特点及注意事项
下　料		豆种分拣后，入缸进水，用竹笊篱翻动淘洗去泥，捞除浮起的嫩籽、豆荚壳、杂质
胖　豆	48 小时	70%～80% 的豆浸胖，少量露出胚芽。共浇水 13 次，每次 1 遍。水过豆面 2 厘米，上、下翻动。第一天 24 小时内浇 8 次，第二天 24 小时内浇 5 次，前 12 小时内隔 4 小时 1 次，后 12 小时内隔 6 小时 1 次
小　芽	13～18 小时	先浸泡 1～2 小时，使露芽部分浸水受抑，尚未涨透部分加速达到浸胖要求，起水分均匀作用，俗称"浸过魂豆"。但不能浸得过涨，胚芽处的皮壳不能开裂。再排水控干 12～14 小时，使水分收干，胚芽基本出齐
中　芽	24 小时	浇 1 次水后（水平豆面），依靠自身温度发芽。如不放在缸内发芽，可将豆倒出，摊在地上，厚 50～60 厘米，地面放一层芦席，便于沥水，上面盖一层浸湿蒲包，防止风干。芽长 2.5 厘米
出　售	6～8 小时	取出后用水浸泡 6～8 小时，去热降温，保持产品质量。要注意及时出售，因发芽时间过长，豆芽受热，容易出现双芽、"红眼睛"

表 4　室温 7℃～15℃，生产周期六天，缸内生产的操作方法

阶　段	时　间	生长特点及注意事项
下　料		豆种分拣后，入缸进水，用竹笊篱翻动淘洗去泥，捞除浮起的嫩籽、豆荚壳、杂质。基本浸胖，50% 露芽
胖　豆	72 小时	第一天，前 8 小时内浇水 2 次，之后浸水 4 小时，沥水 12 小时。第二天，先浸水 2～3 小时，再沥水 21～22 小时。第三天，先浸水 2 小时，再沥水 22 小时

续表 4

阶　段	时　间	生长特点及注意事项
发　芽	48 小时	先用 17℃～20℃温水浸豆 1 小时,排水后盖草包发芽 48 小时
出　售	24 小时	用水浸泡 24 小时

表 5　室温 7℃～15℃,生产周期七天,堆桩生产的操作方法

阶　段	时　间	生长特点及注意事项
下　料		豆种分拣后,入缸进水,用竹笊篱翻动淘洗去泥,捞除浮起的嫩籽、豆荚壳、杂质
胖　豆	48 小时	2 天共浇水 10 次,白天 12 小时浇水 3 次,晚上 12 小时浇水 2 次
发　芽	88 小时	先沥干水分 6 小时,再浸豆 10 小时,起缸在地上打桩,地面铺 6 厘米厚草包,将豆倒在草包上,四周围芦席栈条,根据豆的数量可堆至 1～1.2 米高,底面积以 10 米² 为宜
出　售	24 小时	将堆桩的豆芽放在自来水缸内浸泡 24 小时

　　蚕豆芽采收后放在 3℃～8℃的冷库中进行预冷,然后用塑料袋真空包装,可延长保鲜期 3～5 天;也可用洁净的冷水泡,置避光、阴暗处,可保鲜 2～3 天。

(五)蚕豆芽食用方法

　　1. 葱炒蚕豆芽　蚕豆芽 500 克,香葱 50 克,精盐、糖、味精适量。把已煮熟的蚕豆芽在热油锅内炒 2～3 分钟,加上大量葱花同炒,再加适量的水和盐,盖上锅盖,沸后加少许糖、味精,再沸即可。

　　2. 咸菜炒蚕豆芽　蚕豆芽 400 克,咸菜 100 克,精盐、味精适量。蚕豆芽先煮熟,捞起沥干,然后起油锅炒,再把咸菜加入同炒,略加些水,盖上锅盖,烧 5～6 分钟,略加盐,再煮沸加少许糖、味精,翻炒即可。

3. 糖醋蚕豆芽 蚕豆芽 500 克,香葱 50 克,酱油、糖、醋适量。蚕豆芽用水煮至半熟,捞起沥干,放入热油锅内炒 2～3 分钟,再加适量酱油、糖和醋,加卤汁炒干即可。若加些葱花,则更为鲜香可口。

4. 凉拌蚕豆芽 蚕豆芽 300 克,葱花、盐、熟油、糖、醋、味精、辣酱油各少许。将蚕豆芽加水煮熟,捞出沥水,放盘中,加入盐、糖、醋、熟油、味精和辣酱油,拌匀,撒上葱花即可。

四、豌豆芽苗生产技术

豌豆芽苗又叫"龙须豆苗"、"蝴蝶菜",主要以幼嫩茎叶和嫩梢为产品器官,是一种常用的蔬菜。我国和东南亚地区将豌豆作为叶菜栽培,食用的苗叶叫豌豆苗。京津一带所称的豌豆苗,是指专门密植软化栽培供食用的豌豆嫩苗;而长江流域及其以南地区的豌豆苗则指专门栽培,采摘食用豌豆植株的嫩梢叶,上海、南京称之为豌豆苗,四川叫豌豆尖,广东和香港、澳门特区叫龙须菜,也有叫蝴蝶菜的。扬州叫安豆菜,每年岁首,餐桌上摆一盘安豆苗,意味着新的一年合家安泰,岁岁平安。

豌豆苗一般以幼嫩梢叶供食用,尤以托叶和幼芽将要张开时为佳。豌豆苗营养丰富,每 100 克中含胡萝卜素 1.58 毫克、维生素 B_1 0.35 毫克、维生素 B_2 0.19 毫克、维生素 C 53 毫克、钙 15.6 毫克、磷 82 毫克、铁 7.5 毫克、蛋白质 4.9 毫克。豌豆苗叶大、肉厚,鲜亮碧绿,纤维少,质地嫩滑,清爽脆嫩,素炒、荤做、凉拌、配汤均可,更是涮火锅的上品,色、香、味俱佳。

(一)生产场所和器具

豌豆芽苗生长的最低温度为 14℃,最高温度为 28℃,适宜温度为 18℃～20℃。由于生产场地的温度不同,即使同一品种全生育期相差也很大,夏季从播种到采收只需 8～10 天,而冬季因温度低,从播种到采收需要 18～20 天。因此,北方地区豌豆芽生产场地,多选择庭院、大棚、日光温室,而且多采用加温;南方地区使用不加温的温室或大棚。如果冬季最低温度低于 12℃,则需加温设施。夏季温度超过 30℃时需要降温设施。

栽培架可用角钢、钢筋等材料制成,设置 3～6 层,层间距30～40 厘米,宽度视育苗盘的长度而定。栽培容器选用轻质塑料育苗盘,规格为长 60 厘米、宽 25 厘米、高 3～6 厘米。基质用无毒、质轻、持水力强、残留物易处理的洁净纸、白棉布、无纺布等,也可用细沙、珍珠岩、蛭石等。每盘播种豆 350 克左右,苗高 12～15 厘米时采收,每盘产量 1.5～2 千克。大面积栽培时应安装微喷设施,为降低成本一般采用人工浇灌,方法是把胶皮管的一头接在自来水龙头上,另一头装一个喷壶头,人工从苗盘上方喷淋。

还可在地面做畦进行土培或沙培,每平方米播种豆 1.5 千克,可收豌豆苗 6 千克左右。

(二)品种选择及处理

作豌豆苗用的品种,除皱粒种外,其他品种均可。较好的品种有上海豌豆苗、美国豆苗、无须豆尖 1 号、白玉豌豆(小豆豌豆)、中豌 4 号、山西小灰豌豆、日本小荚和麻豌豆等;此外,还可用花豌豆、灰豌豆、褐豌豆等粮用品种。尽量不要使用黄皮、白皮或绿皮大荚豌豆。大荚豌豆在催芽和幼苗生长期易烂种,而且传染很快。

用于生产豌豆苗的种子,原则上要求无霉烂、无虫蛀、无杂质、籽粒饱满、大小匀称,纯度和净度高,发芽率在 98% 以上。播前用人工、机械或盐水漂洗等方法筛选,剔去虫蛀、残破、畸形、霉变的种子。然后将种子晒 1～2 天,夏天在阳光下晒 2～3 小时,并用竹垫或草席铺衬,以免在水泥地上晒伤种子。晒种后,先用清水淘洗 2 遍,再用 0.1％高锰酸钾溶液浸种 10～15 分钟,冲洗后用种子重量 2～3 倍的清水浸种,冬季浸泡 12～16 小时,夏秋季浸泡 6～8 小时,期间换水 1～2 次。

(三)豌豆苗露地栽培

露地栽培又称席地生产,方法简单,单位面积产量较高,适用于大面积生产。豌豆属半耐寒性植物,不耐热,种子在 1℃～2℃ 时缓慢发芽,发芽适温为 16℃～20℃,超过 25℃～30℃时出苗率下降。幼苗能耐—4℃～—5℃的低温,生长适温为 15℃～20℃,温度过高时叶片薄,产量低,品质差。露地栽培,根系深,较耐旱,不耐湿,土壤湿度过大易烂种。露地生产分春、秋两季,东北、西北、华北等寒冷地区多进行春播;华东及黄河中下游地区春、秋两季均可播种;华南沿海地区常秋播冬收;江南地区多秋播春收。

豌豆根部分泌物会影响翌年根瘤菌的活动和根系生长,因此忌连作。一般用平畦,低湿地用高畦。整地时施入腐熟农家肥,注意增施磷、钾肥。播前种子应进行粒选或盐水选种,有条件时可用二硫化碳熏蒸预防病虫害。为了缩短生产周期,浸种后应进行催芽,这样生长效果较好。催芽方法是:将浸好的种子放在育苗盆里,实行保温(22℃～25℃)、保湿(空气相对湿度 80％左右)、遮光(或在暗室内)催芽,每隔 6 小时用温水淘洗 1 次,同时进行倒盆(翻动种子),1 天后即可露白,露白后即时播种。一般采用多行直播的方式。南方地区春豌豆苗常在 10 月中旬播种,行距 30～40 厘米,播幅 10 厘米,每 667 米² 播种量 15～17 千克。翌年春,苗高 16～20 厘米时采收。秋豌豆苗可于 8 月上旬播种,行距 15 厘米,每 667 米² 播种量 30～40 千克,9～10 月份采收;北方地区种植豌豆苗时,做平畦,浇足底水,再撒播种子,每平方米播种量 2.5～3 千克,以豆粒铺满床面又不相互重叠为度;也可在平整的地块上用砖砌宽 1 米、长度不限的苗床,床内铺 10 厘米厚的干净细沙,浇足底水,待水渗下后播种。方法是:在苗床上撒一层发芽露白的种子,覆盖 3 厘米厚的细沙,再覆盖地膜保湿促芽。待幼苗出土后及时揭掉地膜,支小拱棚保温保湿促其生长。播种后随着幼苗的生长,分 2～3 次覆土,厚 10～18 厘米,使叶尖不露出土面,促其软化,直至采收前停止覆土,使苗尖 1～2 片小叶露出土面,呈绿色。播种后 10～15 天收获,每千克干豆粒可收豆苗 3.5～5 千克。

　　豌豆尖有 4～5 片真片,高 10～15 厘米,顶部复叶始展或已充分展开,无烂根、烂茎,无异味,茎端 7～8 厘米柔嫩未纤维化,芽苗浅黄绿色或绿色时即可采收上市。收割时,从芽苗梢部 7～8 厘米处剪割,只摘上部复叶嫩梢,连带 1～2 片未展的嫩叶。15 天左右收 1 次,共收 5～6 次。收后放入筐中,切勿堆积,以免发热腐烂。一般每 667 米^2 产量 800～1 000 千克。

(四)豌豆苗室内栽培

　　精选种子,剔除虫蛀、破残、畸形豆种,然后放入清水中,浸泡 8～20 小时。浸种期间换水 2～3 次,保持清洁。浸种后捞出,控干,放入桶或盘中,上盖湿布,置 20℃ 条件下催芽。催芽期间,每天用清水淘洗 1～2 次,冬天 24～48 小时、夏天 24 小时出芽,出芽后播种上盘。也可浸种后直接播种。盘的规格有:65 厘米×35 厘米×5 厘米,每平方厘米 1.2 目;60 厘米×30 厘米×4 厘米,每平方厘米 1 目;60 厘米×25 厘米×5 厘米,每平方厘米 1 目。盘底垫一层吸水纸等基质,防止苗根从盘底孔中穿出,影响清理。然后,将催芽后的种子用清水淘洗后平铺到盘中,每盘播 500～1 000 克豆种。种子上放一层湿纸,随即将盘 5～10 个为 1 摞,叠放在一起,苗盘叠摞高度不宜超过 100 厘米,每摞上盖干净的湿麻袋、黑色薄膜或双层遮阳网。温度保持 25℃,每天上、下午各倒盘 1 次,调换上、下苗盘的位置,使其环境一致,促进芽苗生长整齐。在倒盘时用镊子将烂种一一拣出,但不要翻动种子。因为种子的胚根是向下生长的,如果翻动,胚根会因吸收不到水分而干枯。倒盘后,用手持式喷壶向种子表面喷清水,水量要少,以免发生烂种。倒盘应选每天上午 10 时前后,此时温度高光照强,如果未能及时补充苗盘水分,种子会因缺水而干枯。在高温季节,每天要喷 2 次水。正常情况下,经 3～4 天,即可出盘,出盘就是将叠放在一起的苗盘分开,分层放置在栽培架上,或放到地上,使其多见光,进行绿化。出盘时间应尽量延后,出盘时豌豆苗已高达 1～4 厘米,此时芽顶端已顶住了上层苗盘底部,再不出盘,芽苗就不能完全生长了。但出盘过早,会增加出盘后的管理难度,芽苗生长难以整齐一致。另一种方法是,播种后将苗盘直接放到栽培架上或地面上,用黑色或银色塑料膜覆盖遮光,直到采收前 3～4 天,苗高 12 厘米时,才将覆盖物揭除,进行绿化。豌豆苗出苗后,要根据天气和苗龄大小浇水。晴天,温度高时 1 天浇 3～4 次水;阴天,温度低时,1天浇 1～2 次水。浇水最好用 25℃ 左右的温水。从播种到苗高4～5 厘米以前,浇水量要大,要浇透。采收前要小水勤浇,防止窝水烂苗。浇水用清水,一般不加营养液。为了增加叶绿素含量,采收前 3 天,可用 0.2% 尿素溶液喷洒。豌豆苗在 10℃～30℃ 条件下都能生长,但以 20℃ 左右最为适宜。温度低,生长慢,超过 30℃时,则容易发生根腐病。要加强通风,空气相对湿度不宜超过80%。豌豆苗高密度栽培,容易造成有害气体积累,应定期通风换气,夏天以傍晚或早晨通风为好,冬天宜在中午通风。对光照要求不严,株高 3～5 厘米以前,保持黑暗,采收前 3～4 天见光绿化,既有利于生长,又可提高品质。

豌豆苗播种后,夏季 10 天,冬季 15 天,苗高 10～18 厘米,顶端真叶刚展开时即可采收。采收时从豆瓣基部即根部 1～2 厘米处剪下,装入塑料盒或保鲜袋中,立即出售。收获的芽苗菜如果需要暂时保存,将装好袋的芽苗放在温度为 0℃～2℃、空气相对湿度为 70%～80% 的环境条件下,可保存 10 天左右。也可连盘带根出售,最后回收育苗盘。

用育苗盘生产芽苗,不能使用铁制品。喷淋和淘洗时,必须用干净无菌水,且水温同室温,以免烂种、烂芽和苗期猝倒病的发生。如发生烂种烂芽和苗期猝倒病,可适当喷施钙肥和磷、钾肥,以缓解症状。气温过低或光线太强,则芽苗生长缓慢,温度过高或光线太弱,芽苗生长纤细,引起徒长,易倒伏;干旱或生长期过长,芽苗易纤维化,致使商品质量下降。催芽期间,如温度太低,种子表面会长出白毛,出现烂种,出盘后会腐烂。通风可降低空气湿度,避免烂籽,并补充苗生长过程中消耗的二氧化碳。因此,在温度能够得到保障时,每天应通风 1～2 次,即使在低温期,也要进行短暂的通风。

(五)豌豆苗无土栽培

1. 品种 无土栽培豌豆苗,品种选择尤为重要,如大荚白花荷兰豆,发芽率很高,但随着发芽过程很快糊化、烂掉;而日本小英荷兰豆、青豌豆、麻豌豆则无这一现象。品种不同,生长速度、品质、产量差异很大,青豌豆生长慢,抗病性差,但品质上乘,不易纤维化、味甜、口感好;麻豌豆生长速度快,抗病性强,但易纤维化,品质差;日本小英,生长速度和品质都居中间。不同季节应选择不同品种,尤其是夏季应选耐热、抗病性强的品种。种子一定要新籽,发芽率要高。

2. 浸种催芽 种子过筛,并剔除发霉、破损、不成熟的种子,淘洗后放入 2～3 倍的清水中浸泡,经 8～20 小时,冬天浸泡时间稍长,夏天 8 小时即可,浸种期间换水 2～3 次。浸种后将种子捞出,沥去多余的水,放水桶中,上盖湿布催芽。催芽期间要淘洗2～

3次,不能让种子表面发黏、发臭。冬天催芽时间 24～48 小时,夏季仅需 1 夜,待冒小芽时即可播种。

3. 播种上盘 播前,先在盘底垫一层纸,防止根从盘孔中透出。将种子用清水淘洗后平播苗盘中,每盘播种约 500 克。播种后的育苗盘有两种处理方法,一种方法是摞盘,即将苗盘每 5～10 个 1 摞,摞在一起,上面再盖空苗盘遮光,以后每天上下倒 1 次盘,待种子长出幼芽时再码在栽培架或地上。摞盘的目的在于节省苗盘占地面积,并满足幼苗出芽时对黑暗的要求;另一种方法是播种后直接将苗盘码在栽培架上或地面上,用黑色或银色塑料膜盖上,遮光处理,直到采收前 3～4 天,才将塑料膜揭去进行绿化。遮光栽培,生长快,鲜嫩、纤维少、品质好。

4. 苗期管理 根据天气和苗龄大小浇水。晴天温度高时 1 天浇 3～4 次,阴天温度低时 1 天浇 1～2 次。刚播种到幼苗长至 4～5 厘米前浇水量要大,浇透。采收前幼苗间已无空隙,水大了容易窝水、烂苗,浇水量要少而勤。无土栽培豌豆苗,一般只浇清水,不加营养液。豌豆苗生长适温为 20℃ 左右,但实际适应范围很广,10℃～30℃ 条件下均可正常生长,只是温度低时生长慢,温度高时生长快。夏季超过 30℃ 时需降温,否则根腐病发生严重。温度是豌豆苗生产的关键,冬季为了保温加盖塑料膜,要注意适当通风。夏季,尤其多雨闷热天,要加强通风,降低湿度,并适当减少浇水量。种子出芽过程,应保持适当湿度,但应避免过湿或过干,空气相对湿度不能超过 80%,否则极易发病。豌豆苗对光照要求不太严格,在株高 3～5 厘米以前,保持黑暗环境的幼苗反而生长快,纤维化慢。在株高 3～5 厘米后进行绿化。北京地区 5～10 月份遮光 80%,绿化时间也只需 3～4 天即可。豌豆苗全生育期时间很短,夏天从播种到采收仅为 8～10 天。采收要适时,当豌豆苗长至 10 厘米,顶部真叶刚展开时,即可采收。采收时从根部 1～2 厘米及以上处剪下,装入塑料盒或保鲜袋中销售。豌豆苗非常鲜嫩,含水量高,容易脱水,为保持鲜嫩可采取整盘带根销售,而且整盘摆放在饭店,还可为饭店美化环境,招揽生意。

(六)豌豆苗多茬生产

多茬生产是利用豌豆芽苗在适当增强光照后,茎基部潜伏腋芽可以萌发成枝的原理进行的。方法是:豌豆苗采收前2天左右,用3 000～6 000勒的光照,使芽苗变绿,茎叶粗大,分枝节位降低。收割时留1片真叶或1个分枝。收割后在通风透光处先晒半天,再移至5 000～6 000勒光照条件下栽培,促使第一腋芽和分枝生长。2天后,再恢复到弱光条件下栽培,使茎叶加速生长,抑制侧芽和小分枝的生长。苗高12～15厘米时,再按采收前2～3天的管理方法进行管理,即可收割第二茬。然后,重复上述过程,再收割第三茬。

多茬栽培中,光照强度以3 000～6 000勒为宜,光线不足时苗弱,光线过强时幼苗纤维多,品质不良。温度保持15℃～20℃,空气相对湿度保持85%左右,基质要湿润,每天至少用20℃清水喷淋2次。芽苗不要太密,注意加强通风换气。首次采收后,结合喷水,喷施0.2%三元复合肥溶液或磷酸二氢钾溶液,或0.2%尿素溶液以补充营养。

(七)豌豆苗生产中的异常现象

豌豆苗在生长过程中常出现一些问题。例如,气温低,或光线太强,或湿度小,或营养不足时芽苗生长缓慢;气温过高,或光线太弱,或高温高湿时幼苗徒长、纤细,容易倒伏;干旱,强光,生长期过长时幼苗老化,纤维多,品质差;种子质量差,精选不彻底,消毒不严致种芽发霉腐烂;因低温高湿之故,使有的芽苗真叶刚刚展开,就出现猝倒现象;栽培架层太小,受光多处芽苗低,受光少处芽苗高。致使在同一苗床,有时出现芽苗生长不齐,一端高,一端低,或中间低两边高的现象;倒盘不及时,苗盘环境不一致,基质不匀,苗盘未放平,使同一苗盘的芽苗根系吸水量有差异。

豌豆苗如多茬采收,一般第二、第三茬时易出现营养不足,致使茎叶黄绿或造成不发苗现象。因此,要及时补充营养,可结合喷水喷施 0.2% 三元复合肥或磷酸二氢钾或尿素溶液。

豌豆苗茎叶柔嫩,容易失水萎蔫。因此,在销售运输前应及时装保鲜袋,一般每袋装 250 克。如果需要暂时保存,可将装袋的豆苗放在 0℃~4℃ 的低温条件下保藏,一般可鲜贮 10 天左右。

豌豆苗生长期间,最易受蚜虫和潜叶蝇的危害。因豌豆苗生长期短,采收又勤,所以在防治虫害时,要严格选择残留期短,易于光解和水解的药剂。同时,因潜叶蝇幼虫可潜入叶内危害,必须在产卵盛期至孵化初期及时防治,以收到良好效果。生产中常用 21% 氰戊·马拉松乳油 8 000 倍液,或 2.5% 溴氰菊酯乳油或 20% 氰戊菊酯乳油 3 000 倍液喷洒防治。乐果为内吸剂,对蚜虫、螨类和潜叶蝇等害虫均有较好防效,且在高等动物体内被酰胺酶、磷酸酯酶等分解成无毒的乐果酸、去甲基乐果等,对人、畜毒性低。一般用 40% 乐果乳油 2 000 倍液喷施,最多喷 5 次,最后一次喷药距采收期应不少于 5 天。

豌豆苗的主要病害是根腐病。该病靠种子、栽培器皿、土壤、工具等传染。主要防治方法是:育苗盘要彻底清洗,并用 0.2% 漂白粉或高锰酸钾溶液浸泡消毒后再用;种子用 0.1% 高锰酸钾溶液浸种 15~20 分钟,清水冲净后再催芽、播种。生产场地尤其是再次使用的已发过病的苗盘,每周都要进行 1 次漂白粉或碳酸氢钠消毒处理。

(八)豌豆苗食用方法

豌豆苗一般是煸、清炒、涮火锅和做汤。烹调时用旺火迅速爆炒,以成菜后保持形态挺展者为佳。荤素均宜,荤配时可作鸡、鸭、鱼等菜肴的垫衬或围镶。如扒肘子可将豌豆苗摆在周围,红绿相映,使人垂涎;素配时对原料无苛求,豆干、百叶、竹笋均可。水焯后切碎凉拌,或作菜码均甚佳。

1. 银耳豆芽汤 将银耳用温水浸泡发透,将豌豆苗清洗干净。银耳放入碗中,加入鸡汤,上笼蒸烂。将锅放在火上,加入鸡汤,将蒸好的银耳下锅,放入盐、味精、料酒、胡椒粉,调好味倒入汤碗,将洗好的豌豆苗撒入汤碗中即可。

2. 氽凤肝豆苗 将豌豆苗嫩尖洗净,鸡肝去苦胆洗净,切成薄片,放入碗中,加料酒和适量清水泡2分钟。炒锅内放入鸡汤烧沸,放入鸡肝氽透捞出,盛入汤碗中,锅内放入豌豆苗,加料调好口味,起锅倒入碗中即可。

五、鱼尾红小豆芽苗生产技术

红小豆又叫红豆、小豆、赤豆、红饭豆、赤菽、亦豆、五色豆、米豆,豆科豇豆属小豆种1年生草本植物。原产于我国,在我国栽培已有2000多年的历史。

红豆种子为矩圆形,两头截形或圆形,长4~9毫米、宽2~3毫米,千粒重50~150克,多数种子千粒重130克。种皮平滑有光泽,颜色有红、白、黄、绿、褐、黑和花纹等。种子由种皮和胚组成。胚分子叶、胚芽、胚根和胚轴。发芽后胚根生长,胚轴不伸长,胚芽生长形成肥嫩的茎和真叶,子叶收缩,不出土。红豆芽食用部分为茎和叶。

红小豆中含有较多皂草苷,可刺激肠道,有通便利尿作用;还含有较多的纤维和可溶性纤维,具良好的润肠通便,降血压、血脂,调节血糖,解毒抗癌,防止胆结石,健美减肥等功效。

红小豆芽苗也称鱼尾赤豆苗。是由红小豆种子采用无土立体等方法栽培生产的幼苗。因其真叶未展开,豆荚呈夹合状,形似鱼尾,故名鱼尾赤豆苗。红小豆苗除含有钙、铁、磷、钾等矿物质外,还含有多种维生素,每 100 克红豆苗含维生素 B_1 0.9 毫克,比绿豆芽高 0.17 毫克,经常食用,可预防脚气病,并保持人体血液酸碱平衡。

另据报道,红豆苗煎剂对金黄色葡萄球菌、福氏痢疾杆菌和伤寒杆菌有强抑制作用。民间偏方认为用之可增加消化能力,抑制肠道疾病的发生。在欧美国家把红豆芽视为保健品,多清炒或拌沙拉食用。近年来用沙子作基质栽培方法应用较为普遍,但沙培由于重茬会发生烂苗,不能全年生产。采用无铅字废纸作基质,进行工厂化商品生产,夏季可在遮阳棚或通风凉爽的室内生产,冬季可在日光温室内生产。红豆芽生产周期短,一般 10 天左右即可收获。采用立体栽培可充分利用空间,增加单位面积产量,提高生产效益。

红小豆发芽适温为 14℃～18℃,生长适温为 20℃～24℃,低于 14℃生长不良,高于 26℃易发生烂芽、烂苗。生产红小豆芽需要在遮阴或黑暗中进行,而且要求空气流动稳定,水分供应充足。对光照要求不严,在幼芽伸长期要遮阴培养。席地生产每平方米播种量 4 千克左右,产量在 20 千克以上。

(一)传统生产方法

1. 场所 鱼尾红小豆芽苗传统生产宜在避光、通风、有干净水源、有良好排水系统的室内进行。采用底部平整、有一定倾斜、有排水孔、四周不透气、不透光的木桶、缸、池等容器,先用 0.2% 漂白粉混悬液或 2% 碳酸氢钠溶液或 0.2% 高锰酸钾溶液浸泡消毒,再用清水漂洗 2～3 遍。培育室先冲刷干净,再用 70% 硫菌灵可湿性粉剂 1 000 倍液喷洒或 40% 甲醛熏蒸消毒。

2. 选种 红豆品种很多,一般均可使用,但必须是颗粒饱满、色泽明亮、脐白的新种子,发芽率应在 95% 以上。红豆种子寿命

较长,收获后晒干的种子在5℃～28℃条件下,可贮存3～4年,在
－5℃～5℃条件下,发芽力可保持15年左右。

3. 种子处理 将破残、不饱满、病虫危害的种子及杂质剔除,
用清水淘洗干净,再用50%多菌灵可湿性粉剂1000倍液浸泡15
分钟,冲洗干净,放入55℃温水中浸烫15分钟,或用0.1%～
0.5%高锰酸钾溶液消毒处理,再放进清水中漂洗2～3次,漂去瘪
籽,取出沥水。将处理的种子倒入浸种桶中,加入20℃左右清水,
水面淹没豆种,浸泡16～24小时,其间每5～6小时淘洗换水1
次。当种子充分膨胀,开始破裂时捞出,用清水冲洗干净,装入尼
龙袋或蛇皮袋中,放入培育容器,盖上湿布或麻袋催芽。催芽期间
温度保持20℃左右,每昼夜淋喷5～6次水,淋水量以不积水为
准。1～2天后种子露白,3天后芽长0.5～1厘米,催芽结束。

4. 培育 将催好芽的红豆放入培育容器并铺平,豆粒厚度10
厘米左右。用清洁的湿布或麻袋覆盖,遮阴保湿,温度控制在
20℃～24℃。每隔4～5小时浇水1次,采用满灌法,即将水沿容
器壁淋下,使水面漫过豆面,然后慢慢将水排尽,再重复一遍。在
高温、干燥气候条件下,除遮阴、通风外,还要增加浇水次数和浇水
量,并在空中喷雾,以降低温度、提高空气湿度。在低温阴雨情况
下,可用煤炉、空调等进行温度调控,但要注意保持空气清新。

5. 采收 红豆发芽后即可食用,但以培育5～6天、真叶出
现、须根未长出时品质最好。也可待芽苗长约10厘米、真叶尚未
完全展开时采收。采收时将豆芽从上向下轻轻拔起,放入缸中漂
洗,除去豆皮和未发芽的豆粒,装入避光的箩筐,筐口用麻袋覆盖,
上市销售;也可将芽苗理齐,用透明塑料盒或保鲜膜、塑料袋封装
上市销售。

(二)工厂化生产方法

1. 场地和设施 鱼尾红小豆芽苗工厂化生产宜在温室、大棚

和室内进行。大棚、温室可在顶部加盖双层遮阳网或草苫,场地内增设喷雾及通风设备。如要四季栽培,还需增设加温设备,以确保场地温度在 16℃ 以上。

采用立体栽培,栽培架可用角钢组装成,也可用竹、木搭建,一般每个栽培架设 4～5 层,层间距 30 厘米,底部安装 4 只小轮。一般选用轻质塑料育苗盘,盘长 60 厘米、宽 22 厘米、高 5 厘米。也可用铁皮自制苗盘,要求底面平,大小适中,重量轻,坚固耐用,便于移动。基质应选用洁净、无毒、质轻、吸水和持水较强的白棉布、无纺布、泡沫塑料片等。浇水一般选用微喷装置,或喷雾器、淋浴喷头等。

2. 种子处理 选用颗粒饱满、色泽明亮、脐白、发芽率 95％ 以上的新种豆。栽培容器及用具用 0.2％～0.5％ 高锰酸钾混悬液或 0.2％ 漂白粉溶液浸泡、擦洗,再用清水冲洗、暴晒。生产场所用甲醛熏蒸并增设紫外线灯消毒。重复使用的基质,先用清水冲洗干净,再用高压蒸汽灭菌锅消毒。种子用清水淘洗,漂除瘪籽,清洗后装入纱布袋,放入清水中浸种 16～24 小时,其间换水、清洗 4 次。然后放入 55℃ 温水中烫种 10 分钟或用 0.2％～0.5％ 高锰酸钾溶液消毒处理,用清水淘洗 2 遍,洗去附着在种皮上的黏液,将种子装麻袋或用毛巾裹好,在 20℃～25℃ 条件下催芽,每天用温水冲洗 2 次,2 天后露白时即可播种。

3. 培育 将育苗盘洗净,铺上浸湿的棉布或无纺布、泡沫塑料片等,把催好芽的种子均匀铺在上面,每盘约 300 克,注意种豆不能堆叠。在种子上覆盖一层棉布,用喷雾器淋水后,置于栽培架上。温度调控在 20℃～24℃,每天喷淋水 3～4 次,空气相对湿度保持 80％～90％,每天上下、前后调换苗盘位置 1 次。一般豆芽长 1～2 厘米,根扎入基质中,即可揭除覆盖的棉布。经 8～9 天,苗高约 15 厘米、第一对真叶尚未完全展开时,沿茎基部剪切下来,装入透明塑料盒中,或用保鲜膜、塑料袋包装,也可整盘活体芽苗上市。

工厂化生产要注意以销定产，防止积压。可组织人员送货上门服务。

(三)家庭栽培方法

1. 场地及设施　鱼尾红小豆芽菜家庭栽培多用土培或席地沙培，也可用育苗盘栽培。选阴暗、遮阴的室内或保护地，先平整地面，用砖砌成宽 100～120 厘米、长 20 厘米的栽培床，在底部铺上塑料薄膜，在薄膜上间隔打洞，以便排除多余水分。用蛭石、珍珠岩、河沙等作基质。苗床内平铺 5 厘米厚的干净细沙，喷足 25℃的底水，盖上地膜保温保湿待播种。

2. 栽培方法　种子用 25℃温水浸泡 24 小时，捞出放桶中催芽，上面盖一层湿布防止种子变干。催芽期间要用清水淘洗 2 次，出芽后播种。播种前在苗床底铺一层吸水纸或基质，将种子平播在上面。播后盖 5～6 厘米厚的基质，然后覆盖地膜。

幼苗出土后及时揭开地膜，支小拱棚保温保湿。幼苗出土拱起沙盖时，可喷温水使沙盖疏散，或将沙盖揭掉以防压弯豆苗。保持苗床潮湿，干旱时喷温水，土壤相对含水量保持在 70%～80%，适当遮阴。

3. 采收　当豆苗高 10 厘米左右、茎粗 0.2 厘米左右时，豆瓣微绿，幼苗脆嫩，两片真叶尚未展开呈夹合状，似鱼尾，应抓紧采收。采收时把苗床一端的砖搬开，将豆苗一把一把地拔起，剪掉根部，清洗干净后扎把或装盒上市。如果需要短期贮存，应在 2℃～5℃条件下预冷，然后用塑料袋真空包装，可贮存 10 天。

(四)鱼尾红小豆芽苗食用方法

可以凉拌、爆炒、做汤或涮火锅。

1. 火腿红豆芽　红豆芽 250 克，火腿肉丁 50 克，小黄瓜 1

条,红萝卜1个,葱花、沙拉油、味精、盐适量。将黄瓜、红萝卜切成1厘米见方小块。锅加热,放入沙拉油,葱花爆香,依次放入火腿肉块、红萝卜丁、小黄瓜丁和红豆苗,加入适量盐,翻炒几下,即可出锅,加盐、酱油、醋等拌食。

2. 凉拌红豆芽 红豆芽300克,盐、辣油、葱花、味精、糖、醋各少许。红豆芽去根洗净,沥去水。水烧沸,倒入红豆芽,焯一下,取出,置于冷开水中浸凉,捞起,沥去水,装盘,加入盐、辣油、糖、醋、味精、葱花拌匀。

3. 素炒红豆芽 红豆芽200克,香干3块,葱花、盐、味精各少许。将红豆芽洗净,沥去水。香干切成丝。锅烧热放油,放入葱花爆香,将香干、红豆芽倒入爆炒,加入盐、味精即成。

4. 醋溜芽菜 韭菜切长段爆炒后,再加入芽菜同炒,加入盐、酒、醋等调味。

5. 生食 红豆芽生食方法有姜醋糖豆芽、芝麻酱豆芽、豆瓣酱豆芽等。

6. 红豆芽汤面 将面条煮至八成熟,放入配料,煮熟即可起锅。将红豆芽置碗中,用热汤面淋下即可。

7. 红豆芽汁 将红豆芽用果汁机榨汁,稀释成个人能接受的程度,调入白糖饮用。

六、黑豆芽苗生产技术

黑豆是指种皮为黑色的大豆。黑豆营养十分丰富,含有蛋白质、脂肪、碳水化合物、胡萝卜素、维生素B_1、维生素B_2、烟酸、皂苷、胆碱、叶酸、大豆黄酮等。黑豆萌发成豆芽后,各种成分变得更有利于人体吸收。黑豆芽味甘、性平,入脾肾经,具有滋补肾脏,补肝明目,滋阴润肌,利水清肺,解食物中毒的功效。日本人过年或在喜庆日子里,一定要有黑豆食品,似乎颜色深的食品,为保健食品。在欧洲也出现了一股"吃黑"饮食潮流,因为植物黑色果实所含的黑色素、蛋白质等,对美容、健康、抗衰老确实有效。豆苗出土时将肥大的子叶带出土面,在子叶似展非展时,豆芽菜的品质最好,这时豆苗颜色白绿相间,质脆清香,营养丰富,产量高,整株都可食用。

(一)席地沙培法

1. 种子处理　培育黑豆芽,种子选择非常重要,一般人认为光亮的黑豆种子,一定是新鲜的,这是错误的。新鲜的黑豆种子,表面有一层白霜状的蜡质,这种蜡质会随贮藏时间的延长逐渐减退而变得光亮,所以光亮的种子是陈旧种子,不宜用作生产黑豆芽。新鲜黑豆种子表面有蜡质,没有光泽。每平方米用黑豆种子2千克,风选,然后去秕、去杂、去破碎籽粒。将种子用50℃温水搅拌浸种15分钟,再用25℃～28℃温水浸泡4～6小时,待种子充分吸水,种皮充分膨胀后,用温清水淘洗干净,再后用湿布包好或放在育芽盆(盘)内保湿催芽。催芽温度保持在27℃左右,每隔4小时翻动1次或用温清水淘洗1次,种子露白时即可播种。

2. 苗床制作　苗床多设在棚室或日光温室,四周用砖侧立围成育苗床,然后将消过毒的细沙平铺5厘米厚,浇透底水,覆盖地膜保温保湿。或用62厘米×24厘米×5厘米的平底塑料育苗盘,将盘冲洗干净后,铺一层干净无毒、质轻、吸水力好的包装纸、白纸或无纺布,喷水后播种。

3. 播种与管理　将苗床上的地膜揭开,把催好芽的种子播在苗床上,种子间距1厘米。播后覆盖5厘米厚的细沙,随后浇20℃左右的温水,再盖上地膜保温保湿。或播后覆盖1.2厘米厚的细沙,然后铺尼龙网,浇透水。当幼芽拱土时,揭开地膜或尼龙网,每隔12小时喷水1次,使培养基质保持湿润。5～6天后,幼苗的2个豆瓣变绿,在刚展开但未完全展平时采收最为适宜。平盘栽培时,播后将育苗盘摞起,10 盘 1 摞,下铺上盖塑料膜保温保湿。育苗盘要码平。如有足够床架,也可将育苗盘放到架子上催芽。催芽期间注意湿度,如发现基质发干,要及时喷水,但水量要小。温度保持 18℃～25℃,冬季注意保温加温,夏季覆盖遮阳网或其他覆盖物遮阴降温。冬春季每天喷水 2～3 次,夏季 3～5 次,每次喷水以盘内湿润、不淹没种子、不大量滴水为宜。空气相对湿度保持 75%,如达不到要求,可在栽培架上覆盖塑料薄膜。注意经常通风,保持有充分的散射光,冬季白天只覆盖塑料薄膜,夏季塑料薄膜上要加盖遮阳网。

4. 采收 管理好的黑豆苗,采收时,地上部分 10 厘米左右都是绿色,地下部分 10 厘米左右洁白、粗嫩,没有须根。收获时扒开沙子连根拔起,用清水洗净即可捆把上市。夏季生长期 6～8 天。采收后的畦沙,过筛去豆皮,晾晒后再用。

(二)遮阴栽培法

苗床制作、种子处理及播种均与席地沙培法相同。出苗后采取遮阴措施,每隔 12 小时喷 1 次清水。如发现秧苗徒长,可适当控湿或增加光照。从出土到豆瓣似展非展只需 4 天。为使其绿化,可在上市前 2 天给予自然光照。

(三)多次覆沙栽培法

黑豆苗多次覆沙栽培法的主要特点是:在幼苗刚刚出土时,需覆盖 5 厘米厚的细沙,同时喷水保持床土湿润,经 2～3 天后幼苗再次拱出土面时,再覆盖 5 厘米厚的细沙,同时喷水保持床土潮湿。这样反复覆沙、喷水 2～3 次,豆苗最后一次出土时只喷水不再覆沙,肥大的豆瓣刚刚展开即可采收。这种栽培方法可省去遮阴环节,但要注意湿度不可太大,床土相对含水量以 70% 为宜。此外,覆盖沙土必须在豆瓣未展开时进行。

(四)黑豆芽苗食用方法

1. 炒食 将切好的红辣椒或大蒜下锅爆香,再放入黑豆芽快炒即可,也可加些水焖一下再出锅。

2. 生食 黑豆芽生食时具有花生的香味,可作三明治、汉堡、生菜沙拉等配菜用。

3. 凉拌 调味料为姜、蒜末、番茄酱(或豆瓣酱),以新鲜的黑豆芽配以小番茄,淋上调味料佐食。

七、花生芽生产技术

花生又叫地果、唐人豆、长生果、万寿果,因地上开花,地下结果,故又名落花生。我国花生主要类型有普通型、多粒型、珍珠型、龙生型4种。带壳的果实为花生果,脱壳后为花生仁。花生芽是利用花生籽仁中贮藏积累的营养成分培育而成的,雅称"花生果芽"、"万寿果芽"。花生发芽后,蛋白质已分解为氨基酸,脂肪含量低,维生素含量全面提高,各种营养成分更易被人体吸收,特别适合喜欢花生而又怕脂肪多的人食用。

(一)花生芽生产

1. 基质栽培法

(1)种子选择 花生种子有大、中、小3种,小粒种子千粒重300~500克,中粒种子千粒重500~800克,大粒种子千粒重800~1 300克。大粒种和小粒种含油量胜过中粒种,小粒种的蛋白质含量最高。生产花生芽应选中粒种子如天府花生、伏花生等含油量低的品种。含油量高的花生品种,在高温条件下易出汗走油,有哈喇味,易产生致癌物黄曲霉素,同时发芽率降低。花生种子具有休眠性,须经一定时间的贮藏才能萌芽。生产花生芽必须选当年的新花生种子。花生种子不宜过夏天,家庭贮藏可阴干后存于塑料袋内,袋内放些花椒,存放在干燥低温避光处,随用种子随剥壳。

生产花生芽不能使用破损的种仁,因其在高温、高湿条件下极易感染黄曲霉菌。

(2)种子处理　剥好的花生籽仁,进行比重选,剔除瘪、霉、蛀、出过芽、破碎的种子,淘洗2~3次。用种子体积2~3倍的水浸泡12小时,夏天用自来水,冬天用20℃~25℃温水,每隔2小时抄翻1次,直到花生种子吸足水充分膨胀,表皮没有皱纹为止。再用3％石灰水浸泡5分钟,然后立即捞出,用温水冲洗干净。也可用0.1％漂白粉混悬液浸泡并不断搅拌消毒10分钟,捞出用温水冲洗干净。

(3)催芽　将浸泡过的花生种子捞出,放清水中漂洗多次后装入透气网纱袋内,防止被风吹干,然后放入有排水孔的缸内,上面用湿布盖严。也可用布袋或塑料袋装,每袋装2~2.5千克种子,袋子平放,上盖湿布。花生不宜放得过厚。管理上要求每昼夜浇20℃~28℃温水5~6次,每次浇2~3遍,每次水都要浇透浇匀。

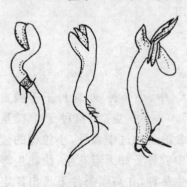

夏天在气温低、湿度大的地方培育,温度保持20℃~25℃。催芽期间,需要黑暗条件,绝不能见光。大约经36小时,正常种子露白,待种芽长至1厘米时即可播种(图10)。

(4)栽培床的准备　生产场地应选择温度为12℃~30℃的露地或大棚,土壤pH值为5.5~7.5,用竹篾筐、盆、缸、透气网纱袋或塑料袋作容

图10　花生芽形态

器,用土、沙、锯木屑等作基质。栽培床用砖砌,床内平铺基质,也可做成畦。基质应暴晒消毒。

用塑料袋栽培时,塑料袋用水清洗干净,然后用腐菌清 10 克对 20℃～24℃温水 25 升,刷洗浸泡消毒 30 分钟以上。

为充分利用空间也可进行立体栽培:做栽培架,第一层距地面 10 厘米,层间距 50 厘米,一般 4～5 层。塑料苗盘为 60 厘米×24 厘米×5 厘米,底部有透气孔,栽培基质可用新闻纸。

(5)播种和管理　花生种子萌发子叶留在土中。花生芽食用部分为子叶和幼芽。当花生发芽根长至 0.5～1 厘米时,可播种到整平的畦里,密度以花生种互不重叠为宜。上面覆 1.5～2 厘米厚的细土或锯木屑,拍实后浇透水,温度控制在 20℃～25℃。之后根据苗情决定是否浇水,雨季注意防雨淋。

用塑料盘生产的,在盘上盖一个空盘,最上面盖上湿毛巾,每天淋水 3～4 次,温度控制在 20℃～25℃。整个生育过程不见光。芽体上面压一层木板,给芽体一定的压力,使花生芽长得粗壮。

也可将刚出芽的种子播到沙子上。方法是在容器的下面装 2 厘米厚的干净细沙,浇水后播种,种子呈单层摆放,上面覆盖 2 厘米左右厚的细沙。每天淋水 2～3 次,淋水量以下层沙湿透为度。整个培育过程不见光。

塑料袋栽培的,塑料袋装入油毡筒时应铺平展。将催出芽的种仁,按每个口径为 65 厘米的塑料袋装入 10 千克,铺撒均匀一致,冲淋 23℃温水 30 升,注意要冲淋透。然后用限氧塑料布盖住罐口的 1/3,用棉被将罐口全部盖严。温度保持在 20℃～25℃,空气相对湿度保持在 70% 左右,喷水的温度为 23℃,每 6 小时喷 1 次水,喷水量掌握在每千克种芽喷 3 升水,每次喷水均要喷透、喷匀。因花生芽在生长过程中产生热量使温度很高,而且升温特别快,所以要大量喷淋水降温,同时喷淋水还可带走黏质和异味。生产场所必须暗淡,尤其在喷水时更须保持黑暗条件,否则豆瓣容易开张，而且豆瓣和芽茎容易变为绿色。

2. 水培法

（1）消毒　密闭棚室门窗，每平方米用固体硫磺 1 克点燃熏蒸；用 0.1%漂白粉混悬液刷洗器具后用清水冲洗干净，防止霉菌和细菌的孳生。

（2）种子选择　选择中等大小种子的品种，选用当年生新种，要求颗粒饱满、发芽率高、无污染。

（3）种子处理　与基质栽培法的种子处理方法相同。

（4）催芽　将浸泡处理过的花生种子，在清水中漂洗干净，装入透气的网纱袋中，然后将袋装入有排水孔的缸中，上面用潮湿布盖严。花生不宜放得过厚。也可用布袋装，每袋装 2~2.5 千克，平放，上盖潮湿布。每昼夜浇 20℃~25℃温水 5~6 次，每次浇 2~7 遍。

如果想培育无根花生芽，待根长至 1.5 厘米左右时，用 NE-109 1 号药剂 15 毫克/千克溶液浸泡 1 分钟，浸泡时液面盖过花生，浸泡后将其捞出沥干，将花生芽放回缸中，缸底孔打开，处理后 2~5 小时开始淋水，水温要求 23℃~25℃，每夜淋水 6 次，每次 2~3 遍，当根长 2 厘米时催芽结束。

（5）花生芽的培育　花生芽水培的整个生产过程均在室内进行，所以要求培育室隔热、保温保湿性能好，能通风换气，有排水管道，清洁卫生。有竹篾筐、盒式缸（缸底要有 2 厘米孔径的排水孔）、透气网纱袋、供水灶具、喷壶或喷雾器等生产器具。将催好芽的花生芽取出，放入缸中，每昼夜浇 20℃~25℃温水 5~6 次，每次 2~3 遍。缸面盖上防潮湿布。早晨进行淘洗，下午用 NE-109 2 号药剂溶液浸泡，液面淹过花生，浸泡 2 分钟后捞出沥干，2~5 小时后用清水淋洗。生产中注意避光、控温、通风、换气。

(二)花生芽的采收

花生芽从浸泡种仁开始经 6～8 天的生长,子叶未展开,种皮未脱落,下胚轴粗壮,胚根长 1～1.5 厘米,芽色乳白或浅黄、肥嫩、香甜,一般无须根时采收。花生芽里的白藜芦醇是花生仁的 100 倍,这种物质是一种天然的癌症预防剂,同时也是一种极有潜力的抗衰老天然有机物,美国科学界已将白藜芦醇列为 100 种最热门的有效抗衰老物质之一。

水培的当子叶以上的芽长至 1.5～2 厘米时出缸,收获时注意轻拿,防止折断。采收后用清水冲洗,用明矾水浸泡 2 小时,再用清水冲洗后,可用塑料袋或盒装上市。每千克种子可生产花生芽 3～12 千克。基质栽培收获时去掉土或锯木屑,摘去须根,种皮尽量不要脱落。收获后,将花生芽倒入清水中,用笊篱漂洗,除去黏液和异味,然后沥干水分,用快餐盒包装,保鲜膜封口上市。来不及销售的,在 8℃～10℃冷柜或冰箱冷藏贮存,可保鲜 15 天左右。

(三)花生芽食用方法

开始食用花生芽时,有的人会感觉有点儿黏腥苦腻感,但吃几次后会感到花生芽鲜嫩脆爽适口。

1. 素炒花生芽　花生芽 250 克,香菜 50 克,香干 1 块,油 25 克,糖 3 克,盐 4 克,味精、香油少许。将花生芽去根皮,与香菜分别洗净、沥干。香菜、香干切碎粒,花生芽先用沸水烫过。炒锅置灶上,待油烧至七八成热,将花生芽倒入锅内翻炒几下,放入香菜、香干碎粒及糖、盐调味,再翻炒几下后淋香油即可。

2. 肉丝炒花生芽　猪肉 150 克,花生芽 200 克,姜丝 4 克,酱油 10 克,味精 1 克,盐 4 克,糖 20 克,水淀粉少许,花生油 250 克。将猪肉洗净切丝,放碗内加盐、酱油、水淀粉各少许,搅拌均匀。锅烧热加油,放入肉丝翻炒几下捞出,倒出部分油,爆炒花生芽,然后将盐、糖、姜丝、酱油、味精、肉丝全部下锅,翻炒几下即成。吃辣的可放些辣椒丝。

3. 花生芽猪蹄汤 猪蹄 2 只,花生芽 250 克,料酒、盐各 10 克,味精 1 克,大茴香 1 只。将猪蹄去毛,入水洗净,用沸水烫一下,去腥味,用清水将猪蹄下锅烧沸,去净血沫,加料酒、味精、大茴香、盐,转中火炖煨,待猪蹄约八成熟时,放入花生芽继续炖煨至熟,出锅装入汤碗即可。

八、苜蓿芽菜生产技术

苜蓿芽由苜蓿的种子培育而成,又称西洋芽菜。北美每年销售额达 2.5 亿美元。苜蓿为豆科苜蓿属多年生草本植物,包括紫花苜蓿、南苜蓿(又称黄花苜蓿、草头、刺苜蓿)、天蓝苜蓿、杂花苜蓿等。荚果螺旋形,种子多为肾形,黄褐色或黑色,颜色随贮藏时间延长而加深。种子千粒重 2~3 克。种子寿命较长,紫花苜蓿保存 18 年后,有生活力者仍高达 83.4%;杂花苜蓿贮藏 13 年后,有生活力的仍达 93.7%。硬实率一般为 10%~20%,杂花苜蓿为 30%~40%。在寒冷、干旱、盐、碱地等不良环境下,硬实率增大。硬实率随贮藏年限的增加而降低,如当年的紫花苜蓿种子,硬实率为 29.5%,发芽率为 65.1%,经贮藏 4 年后,硬实率下降至 0.4%,发芽率提高至 83%。低温处理紫花苜蓿种子,可降低硬实率,提高发芽率。将贮藏 1 年的紫花苜蓿种子,置液氮内处理后,其发芽率从 63.3%提高至 91%~94.3%,硬实率则由 32%下降至 4%~7%。培育苜蓿芽多采用紫花苜蓿籽。苜蓿芽清香爽脆,营养丰富,含热量低,每 100 克鲜食部分中含蛋白质 3.42 克,脂肪 20 克,碳水化合物 3.38 克,维生素 A 286 单位,维生素 B_1 0.91 毫克,维生素 B_2 0.11 毫克,维生素 C 6.79 毫克,烟酸 0.41 毫克,铁 0.95 毫克,钙 21 毫克。苜蓿芽为碱性食品,其碱度比菠菜约高 4

倍,可以有效地中和体内酸性。肉食为主的人,血液酸度较高,食用苜蓿芽可中和体内酸性;而且苜蓿含有降低胆固醇的物质,有医疗保健功效。苜蓿味苦但无毒,长期食用可治脾胃虚寒、热病烦满、膀胱结石等症,还可治恶心呕吐和帮助消化。苜蓿含有多种有机酸,可预防和治疗多种疾病,如高血压、关节炎、癌、便秘等。

苜蓿为温带植物,种子在5℃～6℃条件下即可发芽,发芽最适温度15℃～20℃,最高温度25℃。在不同温度条件下,发芽速度有显著差异,温度越高,发芽速度越快。在25℃条件下4天发芽,15℃条件下7天发芽。对湿度的要求不严,每天喷淋水1～2次即可。对光照适应范围广。每茬生产周期为10～12天,产量为种子的8～10倍。

(一)育苗盘生产

苜蓿芽育苗盘生产,不用催芽可直接播种,方法是先在育苗盘上铺一层吸水纸,用凉水喷湿后撒播种子50克左右。也可将干种子与5倍于种子重量的细沙均匀混合后播种,播后仔细用清水喷雾,将细沙喷湿后叠盘,每10盘1摞,最上一盘盖湿草帘保湿催芽。每天早、晚各喷凉水1次。待芽高2厘米左右时即可摆盘上架,温度保持13℃～17℃,每天用清水淋洗2次,继续遮光培养。温度高于30℃时会腐烂、发霉。每天要多次喷水。5天后,苗高3厘米时除去黑色覆盖物或从暗室移至光亮处,见光绿化2天,苜蓿幼苗子叶展平,脆嫩无纤维时应及时收获。可带托盘上市,也可用剪刀将苜蓿芽苗从根基部剪下,洗净后稍摊开晾一晾,去掉多余水分后包装上市。苜蓿芽产量为种子重的8～12倍。若幼苗高5～7厘米时采收,每千克干种子可生产带根芽菜10～15千克。放冰箱中可保鲜5天。

（二）席地生产

苜蓿芽苗席地生产，生产周期为 20～30 天。一般播种床地温在 12℃ 以上时播种，有时也可顶凌播种。选土质肥厚，保水保肥力强的地块做苗床，耕翻后做畦，畦宽 1 米。按每平方米 200 克种子撒播，播后覆盖厚 0.4 厘米的细土，稍镇压后浇水。为了保温保湿，还应覆盖地膜。为了促进幼苗生长，从播种到幼苗期必须保持充足的水分，每天都应浇小水。幼苗出土后撤掉地膜，每天淋 1 次水，2 叶期可追肥浇水，每 667 米^2 冲施尿素 8～10 千克。一般播后 30 天开始收获，每收获 1 次，浇 1 次肥水，促进茎叶生长，每次每 667 米^2 冲施尿素 8～10 千克。

（三）南苜蓿芽菜生产

采用南苜蓿品种生产芽菜有小盘种和大盘种，大盘种的苗茎粗、叶大、产量高，一般选用大盘种。南苜蓿种子是带荚贮藏的，宜选荚果盘多、荚盘大、黑盘、多刺、籽粒饱满的当年种。陈籽发芽率低，一般不用。

南苜蓿是带荚播种，播后吸水慢，出苗不齐，播前必须进行种子处理：先晒种 1～2 天，然后用石磙压几遍，放在稠河泥中沤 1 天（1 桶稠河泥，1 桶种子），再加入干土、草木灰（有条件的每 50 千克种子加 1.5～2.5 千克磷肥）拌种，将种子搓散后播种。也可 5 千克种子加 7.5 升水，放在石臼中捣几十下，然后拌河泥或草木灰，再用干泥拌种后搓种。还可用 50℃～55℃ 温水浸烫 10 分钟，再用常温水浸泡 1～2 天，捞出沥干，拌磷肥和草木灰播种。

南苜蓿在 −5℃ 时停止生长。8 月下旬至 9 月上旬，即处暑至白露秋播，有灌溉条件的可在 9 月下旬播种。大棚可在 9 月下旬至 10 月上旬秋播。10 厘米地温 5℃ 以上时 3 月下旬至 5 月份春播。采用高畦，每 667 米^2 播种量 7.5 千克。提倡条播和穴播，行距15~17厘米,穴距10厘米。播后盖土厚1.5厘米,拍实。出苗后30天采嫩梢上市,可连续采收7~10次,散放或扎把上市,也可包装上市。

(四)收获、贮藏和食用方法

苜蓿芽苗生长期短,播后7~10天,子叶平展,种子脱落,苗高3~4厘米时,要趁茎叶幼嫩时进行收割。有时,苜蓿种皮不易脱落,清洗较困难,浸种时用石灰水处理,可促使种皮脱落。收割时茬要低留、平齐,以利于下一茬生长整齐;生长后期有的茎易老化,采收时应在枝茎幼嫩处割下。紫苜蓿采收后装入塑料袋,封口放入冰箱可保鲜5~7天。冬季和春季采收的南苜蓿,堆放室内可保鲜3~5天。塑料袋包装,在8℃~10℃冷柜或冰箱内可放10天左右。南苜蓿还可腌渍贮藏:每1 000克用盐100克,一层苜蓿,一层盐,压实,坛口密封,可贮存3~5个月;放在20%的盐水中,可贮存3个月左右。

苜蓿的嫩茎、叶均可食用,且食用方法很多,将其洗净后放入沸水中煮3~5分钟,捞出后用清水浸泡半小时就可食用。既可凉拌、炒食、做汤,也可切碎拌和面粉蒸食。

1. 开胃苜蓿马铃薯汤　苜蓿芽50克,牛奶100毫升,洋葱泥100克,鲜奶油1匙,粉状干奶酪1匙,芹菜末、盐、胡椒粉少许。马铃薯用沸水烫过,去皮、捣成泥状。薯泥入锅,小火加热,加入牛奶、洋葱泥稍煮,用盐、胡椒粉、奶酪调味。熄火后加入苜蓿芽、鲜奶油,倒入盆稍冷,撒入芹菜末。

2. 芽菜蛋饼　盐味苏打饼10片,鸡蛋3个,苜蓿芽50克,美乃兹3匙,红辣椒粉少量。将鸡蛋煮熟,去皮,每个分成4份,把蛋白与蛋黄分开。把蛋黄、美乃兹、红辣椒粉和苜蓿芽一起搅匀,分为10份,放入苏打饼上的蛋白中,每片苏打饼上放一块。用萝卜芽装饰,适于家中待客。

3. 苜蓿芽三明治 苜蓿芽 50 克,黑麦土司 4 片,二十四季梨 0.5 个,番茄 0.5 个,鸡蛋 2 个,美乃兹 2 匙,人造奶油 1 匙,胡椒粉少许,适量炸马铃薯片和酸黄瓜。将人造奶油和胡椒粉涂在土司片上,将熟鸡蛋切成小片,美乃兹贴在面包片上。将切成片的二十四季梨、番茄、1/2 量的苜蓿夹在面包片中。将夹心面包片切成适当大小,将另 1/2 量的苜蓿、炸马铃薯片、酸黄瓜等布在面包上及其四周。

4. 苜蓿芽鲣鱼片 苜蓿芽 200 克,鲣鱼片适量。苜蓿芽洗净控干水,置盘中,撒上鲣鱼片,加盐、酱油、醋等拌食。

5. 素炒苜蓿芽 苜蓿芽 250 克,花生油 25 克,糖 15 克,盐、味精少许。炒锅上旺火,放花生油烧热,将苜蓿芽倒入,炒至碧绿时,加盐、糖、味精,翻炒几下便可出锅。

6. 腌苜蓿芽 苜蓿芽 500 克,虾米 10 克,肉末 25 克,盐 10 克,香油、味精少许。将苜蓿芽洗净,沥干,拌盐揉软,放锅里,用重物压紧过夜。第二天取出,将汁水挤干,切细,拌以虾米、肉末,旺火爆炒,放味精,淋香油即成。

7. 苜蓿苗味噌汤 苜蓿苗 50 克,肉汤 2 000 毫升,味噌半匙。肉汤中加入味噌,加热至沸,倒入碗中,将苜蓿苗放入即可。味噌是黄豆做的酱,是日本特有的调味品。

8. 苜蓿芽豆芽蛋饼 苜蓿芽 30 克,绿豆芽 50 克,鸡蛋 2 个,熏肉 1 片,红辣椒粉少许,胡椒粉、盐少许,色拉油、芹菜末适量。鸡蛋打入碗中,加入苜蓿芽、红辣椒粉、胡椒粉、盐调味。锅中放入适量色拉油加热,放入切好的熏肉和绿豆芽,旺火爆炒。再加入少许胡椒粉和盐,迅速加入鸡蛋,搅拌后压平,转文火,待鸡蛋熟后出锅,撒上苜蓿芽和芹菜末。

9. 草菇芽菜冷拼盘 苜蓿芽、绿豆芽、黄豆芽各 200 克,新鲜草菇 4 个,苹果 0.5 个,卷叶莴苣 1 株,酱料(美乐多 6 汤匙,美乃兹 2 汤匙,洋葱泥 2 汤匙,芥末适量)、柠檬汁少许。黄豆芽用沸水焯,绿豆芽去根。将卷叶莴苣撕成适当大小,铺于盘底,草菇切成薄片,淋上柠檬汁。苹果切成适当大小,并用盐水稍浸。将其他材料全部放入盘中,加酱料即可。

九、萝卜芽菜生产技术

萝卜又叫芦菔、莱菔,十字花科2年生草本植物。萝卜芽是萝卜种子萌发形成的肥嫩幼苗,以子叶和下胚轴供食用,又叫娃娃萝卜芽、娃娃缨萝卜。因其两片子叶像割开的贝壳,所以又有贝壳菜之称。

萝卜芽菜含有芥子油苷,具有辛味及香气,并含有胡萝卜素(维生素A原)和维生素B_1、维生素B_2、维生素C、维生素E及铁、磷、钙、钾等,还含有丰富的淀粉分解酶和纤维素,能够促进肠胃蠕动,帮助消化。萝卜苗喜欢温暖湿润的环境条件,对光照的要求不严,发芽阶段不需光。生长的最低温度为14℃,最适温度为20℃~25℃,最高温度为30℃。温度过高萝卜芽易腐烂;温度过低,生长缓慢,甚至停止生长。萝卜芽在湿度大的条件下,也易腐烂,尤其在高温季节更是如此。因此,萝卜芽生长的空气相对湿度要控制在70%以下。萝卜芽生产周期为5~7天,最多10天。如果用育苗盘生产,每盘播种量为100克,芽菜产量为1.6千克左右。萝卜苗也可席地做畦栽培,或利用细沙、珍珠岩等基质进行营养液栽培。

(一)品种选择

萝卜芽生产所用品种不限,但最好用绿肥萝卜种子,并注意筛选适宜不同温度生长的品种,以茎白色或淡绿色、叶浓绿或淡绿色、胚轴粗而有光泽的品种为好。其中以红皮水萝卜籽和樱桃萝卜籽较为经济。日本已实现了萝卜芽菜的工厂化生产,其配套品种:高温期为福叶 40 日;中低温期为大 4010 和理想 40 日。不同的萝卜芽苗在品质及外观上不同,如四樱小萝卜出苗快,辣味小,但茎细而短,产量较低;心里美萝卜芽苗茎粗,茎叶红紫色,辣味大;大红袍萝卜芽苗,茎粗壮,子叶大,红梗绿叶,外观可爱,辣味大,产量高。

(二)生产方法

露地或温室均可生产。露地生产须有遮阴防雨设施。可用土壤栽培,也可进行无土栽培。家庭阳台、窗台等空闲地,选用塑料盘、木盆、槽装容器均可进行栽培。基质除土壤外,还可用珍珠岩、细沙以及经过处理的细炉渣等,也可只铺一层吸水纸。

所选种子要求籽粒饱满,生活力要强,种子千粒重要达 15 克以上,48 小时内发芽率达到 80% 以上。种子先在太阳光下晒一晒,再放入 30℃ 水中浸 10 分钟,然后用 52℃ 水浸 15 分钟,再在常温水中浸 3 小时。捞出,用纱布包好,在 20℃~25℃ 条件下催芽。也可在塑料盘中铺一层吸水纸,用水湿润,然后播一层种子,将 10 盘叠成 1 摞,最上一层盖湿布,进行遮阴催芽。1 天后露白,当有 50% 种子露白时播种。

土壤要疏松、肥沃,并增施少量氮肥,整平畦面,放一块塑料膜把水浇在膜上,让水浸入畦中,浇透底水,把膜移去,然后播种。每平方米播 80~120 克种子,播后覆细土或细沙,厚 1~1.5 厘米,上盖草苫或黑色遮阳网。早、晚进行喷水,温度保持 15℃~20℃,3 天后出苗。出苗后及时揭去覆盖物,如果阳光较强,宜用黑色遮阳网覆盖。苗高 3~5 厘米时,浇 0.5% 氮素化肥溶液。以后,干燥时早、晚用细眼喷壶洒水。洒水不宜过多,防止发生猝倒病;也不可过于干旱,否则幼苗老化,品质差。收获前 3 天,芽长 5 厘米时,将覆盖物除去,使其在弱光条件下绿化。这样,萝卜芽苗胚轴直立,颜色纯白,质量好。也可在播种后一次覆土厚 8~10 厘米,或分次覆土,使幼苗遮阴软化,出土后立即采收,这样萝卜芽苗上绿下白,品质更佳。

萝卜芽露地栽培最好用沙培法,将生产地块铲平,用砖砌宽1米、长不限的苗床,在苗床内铺10厘米厚的干净细沙,用温水将沙床喷透后即可播种。一般每平方米播种量为200克左右,播后覆2厘米厚的细沙,再覆地膜进行保温保湿催芽。播种4天左右,种芽开始拱土,此时要及时揭掉塑料膜,喷淋温水,使拱起的沙盖散开,帮助幼苗出土。为了使芽体粗细均匀,快速生长,每次喷淋均须用温水,而且喷水不可太多,以防烂芽。幼苗出土后即可见光生长,经2~3天幼苗长至约10厘米高时,是收获的最好时机。这时幼苗叶绿、梗红、根白,全株肥嫩清脆,散发出清香的萝卜气味,品质和风味极佳。

萝卜芽无土基质栽培,多采用立体方式。用长60厘米、宽25厘米、深5厘米的塑料苗盘作容器。先在棚室内苗床上铺一层塑料薄膜,防止营养液渗漏,再将蛭石或珍珠岩,或草炭、炉渣等混合基质填入苗盘中,浇透底水,播入种子,每盘播种100~150克。播后再覆一层基质,厚1~2厘米。为了保湿保温,再覆一层地膜,或无纺布,并将几个苗盘叠放在一起,置于20℃~25℃条件下,保持黑暗和湿润。出苗后将叠盘拿开并除去覆盖物。每天向苗盘喷浇稀营养液(每升水中加尿素或硝酸铵1~2克)。经6~7天,苗高10厘米左右时见光绿化,再过2~3天,苗高10~15厘米时采收。苗盘液膜水培时,先在苗盘内铺一层塑料薄膜,放入营养液,再置一层或几层尼龙网或遮阳网,种子播种到网上,使营养液面略淹没种子,其上加盖地膜或无纺布,出苗后揭除。在20℃条件下,约经7天即可采收。用育苗盘或大口塑料瓶淋水水培养时,先在盘(瓶)底铺吸水纸或布,将浸泡好的种子摊到上面,上盖棉布,每天早晨淋清水1次,苗高10厘米时采收,或带瓶(盘)出售。

萝卜芽软化栽培,播种时覆土或基质,厚10厘米,出土即收获,幼芽黄化,质地更加脆嫩。

萝卜芽主要靠种子自身贮存的营养生长,不需大量追肥,可在苗高 3～5 厘米时喷施 1～2 次 0.3% 磷酸二氢钾溶液或氮素化肥溶液。视天气情况浇水,保持土壤湿润。晚春、夏季、早秋时,气温高,蒸发量大,芽菜幼嫩,每天早、晚需浇水;早春、晚秋、冬季,气温较低,蒸发量小,可视苗情,适当喷水,补充缺水即可。温度控制在 10℃～30℃。

(三)采收与食用

萝卜芽菜食用标准不同,采收期也有差异:从播种至采收,食用子叶期芽苗的需 4～7 天;以 2 片真叶展开芽苗食用的,需 10～17 天。一般以苗高 10～15 厘米,子叶充分展开,真叶刚显出,叶色绿者较好。

采收宜在清晨或傍晚进行。采收时手握满把,向上连根拔起,然后洗净,捆扎包装,即可上市。食用前再切除根部。每千克种子可生产 10 千克芽菜。每次采收后,要将苗盘清洗干净,再进行下茬生产。如在夏季高温时节,需将苗盘用 0.1% 高锰酸钾溶液浸泡 1 小时以上,消毒后再用。

萝卜芽菜可生食,也可熟食。生食时可加少许油、盐、味精清拌;作沙拉、冷拼盘的配菜,或夹食于三明治、汉堡包、烤饼中,风味鲜美。在拌生鱼片时加入萝卜芽,可降低鱼腥味。熟食时可炒肉丝、做春卷、汤等。

1. 萝卜缨小拼　萝卜缨 100 克,卤鸡蛋 2 个,香肠 2 条,豆腐干 4 片。将卤蛋切成 4 块,香肠、豆腐干切成薄片。盘中先铺上萝卜缨,再将切好的卤蛋、香肠、豆腐干放在上面。

2. 萝卜缨花枝冷拼盘　墨鱼(花枝、乌贼)700 克,萝卜缨 100 克,综合调料:辣番茄酱 2 汤匙,糖、醋、酱油各 1 汤匙。墨鱼去头、去皮,洗净,放入沸盐水锅中约 3 分钟,煮至颜色变白捞出。将煮熟的墨鱼切为两半,再斜切薄片。盘内先铺上萝卜缨,再放上墨鱼片,淋上综合调料即可食用。

3. 萝卜芽紫菜卷 萝卜芽60克,烘烤的紫菜(4厘米×8厘米)3张。将萝卜芽去根、洗净、沥干。用紫菜将萝卜芽卷起,置盘中。另碗备柠檬酱、醋、酱油等蘸食。

4. 炒萝卜缨 热锅放油,先将猪肉丝略炒,再放萝卜缨及火腿丁,大火拌炒均匀即可。

5. 萝卜缨三明治 将萝卜缨、荷包蛋、火腿片、肉松,分别平铺于土司中间,对角线斜切成两半即成。可依个人口味添加番茄片、小黄瓜、洋葱等。

6. 萝卜缨生鱼片 生鱼片200克,萝卜缨60克,酱油1大匙,芥末酱1大匙。生鱼片加洗净萝卜缨,蘸调味料一起食用。

7. 凉拌萝卜芽 萝卜芽500克,葱1根,熟油25克,盐、糖、醋、味精少许。将萝卜芽洗净,入沸水中焯一下,捞出,沥干水分,放入盘中,撒上葱花,拌入盐、糖、醋、熟油或香油和味精即成。

8. 萝卜芽炒肉丝 猪瘦肉150克,萝卜芽250克,色拉油30克,葱、姜、料酒、香醋、糖、盐、麻油、味精、淀粉各适量。将萝卜芽洗净,猪肉切丝,用淀粉拌匀。炒锅置火上,待油六七成热时,将肉丝倒入锅内翻炒几次,放入葱、姜、料酒拌匀,倒入萝卜芽,翻炒几下,放盐、味精、糖,翻炒即成。食前淋入麻油。

9. 萝卜芽猪肝汤 萝卜芽250克,猪肝100克,色拉油25克,盐、糖、酱油、姜、葱、料酒、淀粉适量,味精、麻油少许。将猪肝洗净切片,用葱、姜、料酒等调料及淀粉搅拌均匀。萝卜芽洗净、沥干。锅上火烧热,倒入色拉油,炒葱花,放入盐,加水煮沸,放入洗净的萝卜芽、猪肝,再煮沸后放入味精、麻油即成。

十、香椿种芽菜生产技术

香椿种芽又叫香椿芽菜、紫(子)芽香椿,是由香椿种子长出的嫩苗。香椿为楝科香椿属落叶乔木,原产于我国,种植利用历史悠久,中心产区在黄河和长江流域之间,尤以山东、河北、安徽、河南和陕西等省栽培较多。据王德槟等试验,用 60 厘米×25 厘米的育苗盘作容器,每盘播 30 克种子,播后 12～15 天采收,平均收种芽 250 克。香椿芽菜香气浓郁,风味鲜美,质脆多汁无渣,营养丰富。每 100 克香椿芽菜含蛋白质 5.7 克、钙 110 毫克、碳水化合物 7.2 克、磷 120 毫克、维生素 C 40 毫克、铁 3.4 毫克、胡萝卜素 0.93 毫克、抗坏血酸 56 毫克、脂肪 860 毫克、粗纤维 1 500 毫克,还含有丰富的 B 族维生素和维生素 E。味苦,性寒,有清热解毒、健胃理气功效,还是治疗糖尿病的良药,现代营养学研究发现,香椿有抗氧化作用,具有很强的抗癌效果。

(一)生产设施

香椿芽生长的适宜温度为 15℃～25℃,一般室外平均温度高于 18℃时,可在露地生产,但需适当遮阴,避免直射光,同时加强喷水,保持湿度,使芽菜鲜嫩。晚秋、冬季及早春可利用温室、大棚、阳畦等设施生产。棚室的大小,按生产规模而定,每立方米空间可生产香椿芽 10～15 千克。若需每天产出 200 千克香椿芽,应有 15～20 米³ 的生产空间。

为了提高保护地的利用率,可采用架式立体栽培。栽培架由角铁、钢筋、竹木等材料制成,共 3～5 层,每层间距 30～40 厘米,第一层距地面 10 厘米,宽度依育苗盘的长度而定。为便于操作,栽培架的高度不宜超过 1.6 米。

架上置育苗盘。育苗盘长 60 厘米、宽 25 厘米、高 5 厘米,盘底有孔,以利于排水。最好用轻质塑料制成,以减轻栽培架的承重,并便于移动和采收。

栽培基质可用珍珠岩、高温消毒后的草炭土或水洗沙掺些炉渣等,以珍珠岩为最好。珍珠岩重量轻,通透性好,又经过高温烧制,首次使用不需进行消毒。重复使用时,最好用40%甲醛50倍液消毒。

香椿芽生产周期短,基质中保持的水分基本能满足整个生长期间对水分的需要。但幼芽长出基质后,为提高空气湿度,使香椿芽更加鲜嫩,需要装置喷雾设备,以便定时喷雾。

(二)育苗盘生产香椿芽

香椿种子小,平均千粒重9克,饱满种子约16克。种子寿命短,新鲜种子的发芽率可达98%左右,贮藏半年后降至50%,1年后失去发芽力。生产中应用新种子。香椿种子上的膜质翅是维持其生命力的重要部分,贮藏期间切勿除去,播种前应搓除。

播种前,将种子放入布袋中,轻轻揉搓,除去翅膜,簸净并剔除瘪籽、破损籽、虫蛀及畸形籽。浸种时间根据种子吸水量、吸水速度和温度决定。香椿种子最大吸水量为风干种子重的123.3%,用30℃～50℃温水浸种,8小时后吸水量达最大吸水量的68.23%～75.11%,12小时后达81.08%～84.66%,24小时后达到98%以上。因此,用温水浸种的适宜时间为18～24小时。浸种后,捞出种子,再用0.5%高锰酸钾溶液浸种30分钟,清水淘洗至水清亮时用湿毛巾或麻袋片包好,置20℃～25℃处催芽。每天早、晚取出种子翻动,使之受热均匀。约经4天,芽长0.1～0.2厘米时播种。

播种时,先将育苗盘洗刷干净,底部垫上或钉上尼龙纱,再铺一层白纸,纸上平摊一层拌湿的珍珠岩,厚2.5厘米。珍珠岩与拌水量的体积比为2∶1。也可用细土和优质农家肥各半混匀,或用

70%锯末(或稻壳)和30%细土混匀。基质选定后再加入0.5%三元复合肥。播前10～15天,每平方米用50%多菌灵可湿性粉剂500倍液消毒。播种后,再覆盖一层珍珠岩,厚1.5厘米。覆盖后,立即喷水,使珍珠岩全部湿润。采用叠盘催芽,8～10盘1摞,覆盖湿麻袋保湿。

播种后温度保持20℃～22℃,空气相对湿度保持80%左右,每隔6小时用20℃清水喷淋1次,每喷2次清水后,喷1次加10毫克/升细胞分裂素和10毫克/升赤霉素的混合水溶液。一般每天倒盘1次,倒盘在喷水后进行。经5～7天,种芽伸出基质,这时种子自身贮藏的营养几乎耗尽,应于芽苗1叶1心期、2叶1心期、3叶1心期分别喷淋1次混合液,补充营养,促进生长。混合液的组成是:15毫克/升细胞分裂素＋15毫克/升赤霉素＋0.2%尿素。其他时间,每隔6小时用20℃清水喷淋1次。每喷水2次倒盘1次。从上至下或从下至上进行倒盘。当芽长至3厘米左右,未高出育苗盘时,开始摆盘上架,将盘平摆多层。约经10天,当幼苗高10厘米时,开始进行光照。过2～3天,在根、茎、叶尚未木质化,茎、叶呈黄绿色或紫绿色时采收上市。

采收一般在早晨9时左右进行,可将芽苗连根从基质中拔出,洗净,包装上市。就近销售时,最好连盘上市,然后回收苗盘和基质。再进行种植时,培养盘和珍珠岩用高锰酸钾1 000倍液,或0.1%漂白粉混悬液,浸泡20～30分钟进行消毒,取出沥净水,放置1～2天后再用。

香椿芽也可贮藏保鲜,方法是:将未浸水的香椿芽放入食品袋中封藏,置阴凉处可保鲜7天;也可将香椿芽用清水洗净,在0.2%碳酸氢钠中烫漂30秒钟,捞出立即放入150毫克/升亚硫酸氢钠溶液中冷却,冷却后沥干水分,装入塑料袋中,每袋0.5千克,折叠袋口,立即放入冰柜中速冻24小时,转入－18℃环境条件下,可贮存1年。

(三)育苗盆生产香椿芽

育苗盆生产香椿芽,其场地、生产设备、品种选择等都与育苗盘生产香椿芽相同,只是在生产过程中使用的容器不同。因为育苗盆盛的种子多,堆集的厚度大,因而在生产管理上要求不同。

第一,种子催芽容器用缸、罐、盆等均可,但不能用铁器。容器下面应有排水孔,最好是底部有排水孔的木桶。

第二,每次催芽的种子厚度不宜超过 10 厘米,一般以催芽种子体长的 10~15 倍为宜。种层太厚发芽不整齐,而且不便管理;种层太薄则效率低,不经济。

第三,在催芽露白前要仔细淘洗翻动种子,使所有种子均能在同等的温度、湿度和压力条件下生长。催芽露白后则应以喷淋为主,不再翻动淘洗种子,而且喷淋必须仔细、均匀。淋水时,还必须将排水孔堵上,在容器上面淋清水,直到淹没种层,一般 5 分钟后再放开排水孔,将水排净,再堵上排水孔,容器上面再盖保湿物。当芽苗长到收获标准时,从芽苗的上层一把一把地仔细拔出来,用清水洗净种壳后包装上市。容器内种芽生长,应在无光条件下进行,这样种芽才会粗壮白嫩。

(四)应用营养液生产香椿芽

所谓营养液生产香椿芽,是在香椿芽生产过程中加入人工配制的营养液,以满足香椿种子发芽生长的需要。

1. 营养液的配方　在 25℃温水中加入 1.5%尿素、0.4%磷酸二氢钾、0.05%叶面宝、0.5%稀土冲施肥及 0.005%复硝酚钠混合液。

2. 营养液的施用　将选好的种子去翅去杂后,按种子与水 1:3 的比例用 40℃水搅拌烫种 5 分钟。再用 25℃温水继续浸泡 1 昼夜,捞出后放到清水中反复淘洗至水清澈为止。然后将种子放入无菌的瓷盆内,加入配制好的营养液,浸种5分钟,打开排水孔将营养液排净,放到25℃条件下进行遮光培养,空气相对湿度保持80%左右。每天早、晚用清水各淘洗1次,每次淘洗必须达到水清澈为止。淘洗后用营养液浸泡5分钟,随后排净营养液,继续进行恒温、保湿、遮光培养。待香椿芽长至15厘米时,收获包装上市销售。

用营养液生产香椿芽菜,夏季5～6天1茬,冬季10天1茬。一般每千克香椿种子可生产香椿芽8～10千克。

(五)快速培育香椿芽

河南省卢氏县潘河镇香椿科研所,利用"固体矿砂肥"实行快速无土培育香椿子芽,效果很好。方法是:在设定的空间立式框架的生产床底部,埋2厘米厚的长效固体5号矿砂增长肥,该肥有效期为18个月,而且能蓄贮适当水分。四周环绕发热磁力线,对种子和水进行快速动态处理,促进种子发芽。香椿子芽生产的全过程,如种子浸泡、淘洗、催芽、换水、促芽生长等都在这个环境中进行。种子和水经超导强力磁化后,在适当的温度(21℃)、营养和水分条件下,3天即可发芽。在香椿芽生产过程中,用多谱光肥仪的特定光谱照射,香椿芽生长迅速粗壮,从浸种到长成香椿芽商品标准仅用8天时间,而且产量较常规生产提高1倍以上。

(六)香椿种芽席地生产

将过筛的陈炉渣、细园田土和优质腐熟的粗粪各1份均匀混合作床土。每立方米床土用80克50%多菌灵可湿性粉剂进行土壤消毒,15天后即可播种。播前做1米宽的苗床,铲除5厘米厚表土,换上10厘米厚经消毒的床土,做栽培畦。

将催芽露白的香椿种子,放入干净、底部有排水孔的木盆或陶盆里,厚3～5厘米,温度保持20℃～22℃、空气相对湿度80%,遮阴培养。每隔 6 小时用 20℃清水喷 1 次。喷水量要大,须将种子淹没。种子喷淋后,趁水淹没种子时,将漂浮在上面的种壳清除,然后将水从盆底孔中排出。每天上午随喷水倒缸(或倒盆)1 次,将容器内上、中、下层的种子充分淘洗,均匀混合,利于长出的芽苗均匀健壮。如此重复操作 2～3 天,芽长 0.5 厘米时,为胚根伸长期,以后再喷淋水时不再倒缸,而且喷水要缓和,不要冲动种子。为了使香椿芽不长须根,可先用 20℃清水喷淋种子,至容器底部排水孔开始排水时,堵住排水孔,再用 15 毫克/升无根豆芽素溶液喷淋,使种子全部浸泡半分钟。然后,打开排水孔,排净药液,并及时用 20℃清水淋净残留的药液。

播种时将栽培田搂平并浇透水,覆地膜增加地温,待地温为 15℃左右时可播种。播种前先撒一层细床土,每平方米播种子 200 克,播后盖 1 厘米厚的细床土,其上覆盖地膜。播后苗床温度保持 20℃～22℃及高湿环境,一般 5～7 天后出苗。香椿种子小,出土能力弱,一般在出土前需人工揭掉土盖,或喷水软化土盖,以助幼苗出土。出苗后即撤掉地膜,支上小拱棚继续保温保湿,温度保持 23℃,湿度以土壤潮湿为度。此后,仍每隔 6 小时淋温水 1 次。芽体长 1.5～2 厘米时,用 10 毫克/升细胞分裂素＋10 毫克/升赤霉素混合液喷淋 1 分钟,芽长 3.5～4 厘米时,用 15 毫克/升细胞分裂素＋15 毫克/升赤霉素＋0.2%尿素混合液浸泡种子 1.5 分钟。

株高 8～10 厘米、子叶展平、有真叶 2～3 片、植株嫩绿时采收。采收前先喷水湿润床土,然后从育苗床的一端清理出 10 厘米深的土沟,露出香椿苗的幼根,再仔细地一把一把地将香椿苗拔出,用清水洗净,包装上市。香椿苗在食品袋内封闭保存,在冷凉处可保鲜 7～10 天。

（七）香椿嫩苗生产

香椿嫩苗也称小植体蔬菜。是在利用种子生产幼苗的基础上,继续见光生长而成的嫩苗。

1. 苗盘培育香椿苗 香椿种子催芽露白后装进育苗盘里。育苗盘事前必须清洗消毒,铺一层吸水纸或 4 厘米厚的珍珠岩,将露白的种子普撒一层,每盘播种子 100 克左右。播后盖 1 厘米厚的珍珠岩,铺纸的则不用盖,用同室温的清水喷雾。

育苗盘每 10 个摞在一起,盖上湿麻袋或塑料膜等,在温度22℃、空气相对湿度 70％的黑暗条件下催芽。如果用珍珠岩作基质,则可直接上架摆盘。

每隔 6 小时揭开覆盖物,用 20℃温水喷淋 1 次。喷淋后倒盘,将摞起的盘上下调换位置,随后盖上保湿物遮阴培育,一般每天倒盘 1 次。3～4 天后盘内香椿芽长至 3～4 厘米,胚根深入基质层,在芽长未超出盘高时,将育苗盘平摆到育苗架上,遮阴培养。上架后仍每隔 6 小时喷淋 1 次温水,直至芽苗 2 叶 1 心为止。一般 10 天后,种芽下胚轴长 6～8 厘米、根长 4～6 厘米,可见光生长培养:开始先见散射光,第二天则可见自然光。见光期仍然照常进行喷淋水管理。见光后香椿苗即逐渐变绿。一般见光 2～3 天后,在香椿苗根、茎、叶尚未老化时,将其一把一把地拔起,洗净脱落的种壳和基质,包装上市。每盘产量 1 千克左右。也可连托盘一起上市。

2. 席地培育香椿苗 将过筛的陈炉渣、细园田土和优质腐熟的粗粪各 1 份,均匀混合作床土,按每立方米床土用 80 克 50％多菌灵可湿性粉剂进行土壤消毒,然后做 1 米宽的高畦。将床土搂平并浇透水,覆地膜,待地温 15℃左右时播种。每平方米播种子200 克,播后盖 1 厘米厚的细床土,其上覆盖地膜。在 20℃～22℃条件下,一般 5～7 天出苗。香椿种子小,出土能力弱,一般在出土前需人工揭掉土盖，或喷水软化土盖。出苗后撤掉地膜，支上小拱棚继续保温保湿。经 10 天左右，秧苗 2～3 叶期、株高 8～10 厘米、植株幼嫩全绿、在木质化前及时采收。采收前先喷水湿润床土，然后从育苗床的一端清理出 10 厘米深的土沟，露出幼根，再仔细地一把一把地将香椿苗拔出。每拔一排后将床土清理干净，露出第二排香椿苗幼根，再拔第二排。用清水洗净，包装上市。香椿苗在食品袋内封闭保存，放在冷凉处可保鲜 7～10 天。

(八)病害防治

香椿芽菜生产周期短，基本无病害，偶尔会有烂种、烂芽或猝倒病发生。预防烂种的主要方法是：精选种子，提高发芽率。催芽期间注意控水防烂，并避免高温高湿，温度不宜过高或过低。喷淋过程中不可冲动种子。对种子及基质、用具等进行彻底消毒灭菌。发现烂种烂芽应连同病部周围的种芽一起淘汰，再用生石灰消毒处理。

香椿芽猝倒病在低温高湿条件下容易发生。防治措施是：①增温保湿。可用温水喷淋，或用电热线或暖气加温，或增加覆盖物保温。②使用的水应直接从机井中提取，不要用从水道中送来的水。温室中供香椿用的水要单独存放，使用前用 1 毫克/升漂白粉消毒。③香椿芽生长期应适当控水，加强通风，特别是连续阴雨天要控水、增温。④适当喷施 0.2％磷酸二氢钾溶液，或 0.1％氯化钙溶液，提高秧苗抗病性。⑤个别苗盘发生猝倒病时，应及时剔除病部芽苗，并用铜铵合剂 400 倍液(1 千克硫酸铜＋5.5 千克碳酸氢铵或 5.5 千克碳酸铵，分别碾碎，混匀，装在玻璃瓶里盖严，放置 24 小时)喷洒病部。

为了提高香椿芽菜的品质，生产中要防止强光照、干旱和高温，同时要适时采收，避免纤维化。生产容器严禁用铁制品，否则水里析出的铁锈色容易使芽苗变成暗绿色，降低商品价值。

(九)香椿芽菜食用方法

香椿芽可凉拌如拌豆腐、拌黄瓜、拌青豆,炒食如炒鸡蛋,炸食如挂面糊炸香椿鱼,作面码,也可腌渍、速冻,加工后食用。

1. 香椿芽炒鸡蛋 香椿芽 50 克,鸡蛋 2 个,油、盐、味精适量。香椿芽去根洗净,沸水焯过,切碎。鸡蛋打入碗中,加入椿芽、盐和味精搅匀。锅中加油烧热,将椿芽蛋浆倒入翻炒,出锅前淋上香油。此菜芽子叶碧绿,胚轴银白,鸡蛋金黄,色、香、味俱佳。

2. 油炸香椿芽 香椿种芽 50～100 克,鸡蛋 1 个,食油 500 克(实耗 75 克),面粉、食盐、味精适量。种芽去根洗净,入沸水焯过。鸡蛋打入碗中,加面粉、食盐、味精和成糊状。锅放火上加油,待油热将种芽一一蘸上面糊,入油锅炸至起酥皮。此菜外皮金黄脆酥,种芽碧绿清香,食之良好。

3. 凉拌香椿芽 种芽若干,去根洗净,入沸水焯过,切碎,加盐、味精、香油、醋、酱油等拌食。也可拌豆腐食用。

4. 香椿种芽汤 香椿种芽去根洗净,作为汤料,清香鲜嫩,味极佳。

十一、辣椒芽苗生产技术

辣椒嫩梢又叫辣椒芽苗(叶尖)、辣椒尖。吉林省吉林市经济开发区陈师傅 2004 年开始于冬春季,在不足 300 米^2 的温室内生产甜椒芽苗菜,每年生产 3 批,每批收 3 茬,年收入 22 000 元,扣除成本,纯收入 17 000 元。

辣椒芽苗可采用露地或保护地栽培,以日光温室或大棚最好。栽培架高 2 米、长 0.6 米、宽 0.8 米,层间距 40 厘米。用较薄的塑料膜,熨烫成套在栽培床架上的塑料帐,用塑料箱作苗箱,孔穴盘作育苗盘。选择无限分枝,植株紧凑,叶片肥大,耐热,抗病毒病、疫病、炭疽病较强的品种,辣椒、甜椒均可。种子用0.1%高锰酸钾溶液浸泡10分钟。也可用10%磷酸三钠溶液浸泡20分钟,或在高温季节用2%氢氧化钠溶液浸泡15分钟。取出用清水冲洗干净后,放入育苗盆内,用54℃～55℃热水边倒边搅动至水温降至30℃时,停止搅拌,浸种4～8小时。捞出用温水淘洗几遍,置于通风处摊晾后,用湿毛巾或麻袋片包裹,放入瓦盆,盖薄膜,温度保持25℃～30℃,每天翻动1次,并用温水淘洗1次。待芽长至1毫米时播种育苗。也可用卷筒式催芽,即将毛巾用水投洗并拧干,然后平铺,将种子铺在毛巾上,种子尽量不重叠,将竹筷子置毛巾中央并卷起,卷起后再将竹筷子抽出,最后形成一个毛巾"棒"。置25℃～30℃环境中催芽,每隔4～6小时翻动1次,并通风换气。春秋季露地栽培,秋冬季及冬春季大棚或温室栽培。栽植密度要大。幼苗长至15厘米左右,植株进入旺盛生长前采摘嫩尖上市。采收后叶面喷施0.5%尿素溶液,促进生长。可多次采收。

辣椒叶,含有丰富的维生素、蛋白质等营养物质,并有清肝明目的作用,已被人们当做时尚蔬菜。一般应选叶片肥大柔软,叶色油绿,纤维少,耐高温,抗病,生长势强,分枝性好的品种。种子经消毒后浸种,催芽,露白后播种。行播或撒播,冬季需覆盖地膜。成株后,适当弱光有利于营养生长,在中午覆盖遮阳网,减少阳光直射,光照强度控制在10 000～30 000勒。及时摘掉花与果,追肥以氮肥为主,少施或不施磷、钾肥。当植株长至5～6个分枝、已有大量辣椒叶片时,开始采收。从下向上采收叶色深绿、有光泽的叶片,从叶基部将叶片摘下。分批分次陆续采收,1次不能采收太多及太嫩的叶片,以免影响生长,降低产量。

十二、荞麦芽苗生产技术

荞麦又叫玉麦、三角麦,为蓼科荞麦属1年生双子叶草本植物。我国栽培的主要有普通荞麦(又称甜荞)和鞑靼荞麦(又称苦荞)。荞麦营养价值很高,100 克荞麦面粉含蛋白质 10.6 克,高于大米(6.8 克),与小麦面粉(9.9 克)相似。荞麦中的脂肪含量为 2%～3%,脂肪酸中对人体有益的油酸、亚油酸含量很高,占 75%～80%。这两种脂肪酸,在人体内起着降低血脂的作用,也是前列腺的重要组成部分。荞麦还含有芦丁,可软化血管,降低血脂和胆固醇,是高血压和心血管病患者的保健食品,还有止咳、平喘的功效。荞麦富含多种维生素,每 100 克荞麦面粉含维生素 B_1 0.38 毫克、维生素 B_2 0.22 毫克、烟酸 4.1 毫克,还含有芦丁(维生素 P)。每 100 克甜荞籽粒含总黄酮 90 毫克、芦丁 20 毫克;每 100 克苦荞籽粒含总黄酮 1.43 克、芦丁 1.08 克。叶和花中总黄酮和芦丁的含量更高。芦丁是黄酮类物质,能增加毛细血管的致密度,降低通透性和脆性,有止血作用。尼泊尔人大量食用荞麦面,也吃荞麦的茎和叶,一些学者调查,当地人很少有人患高血压症,这与荞麦茎叶中含有较多的芦丁有关。苦荞籽粒中含有苦味素,适口性较差,但苦荞中芦丁含量为 1.08%～6.6%,比甜荞中芦丁含量 (0.02%～0.789%)多数倍至数十倍,苦味素有清热、解毒、消炎的作用。我国农村有采食荞麦嫩苗的习惯,但有报道说,荞麦不宜久食,脾胃寒者忌食。《食鉴本草》记载:"同猪肉同食,落眉发,同白矾杀人",值得注意。

荞麦芽的生产材料是种子,荞麦芽属于子芽菜(芽菜),而荞麦苗则属于苗"菜"(小植体菜)。

荞麦根系浅且不发达,并且子叶顶土能力较差,幼苗生长细弱,但荞麦的生育期短,适应性广,抗逆性强。荞麦芽苗生长的最低温度为 16℃,最适温度为 20℃～25℃,最高温度为 35℃。对湿度要求不严,较耐旱,土壤相对湿度保持在 60%～70%即可。荞麦芽苗对光照适应性强,但强光照易造成纤维化,所以生产中应避免强光。冬季、早春和晚秋需利用棚室生产。气温在 20℃左右时可以进行露地生产,但需遮阴防雨。室内生产多利用层架式立体栽培,设 3～5 层,层距 50 厘米,架上放苗盘。基质有珍珠岩、蛭石,也可以铺吸水纸。如用育苗盘生产荞麦芽苗,每盘播种量为 200 克左右,芽苗产量为 1.6 千克左右,生产周期为 8～10 天。荞麦芽苗也可采用土培法或沙培法生产,每平方米播种量为 800 克左右,产量为 4 千克左右。

(一)育苗盘生产

1. 选种催芽 所有荞麦均可生产芽菜,其中以山西苦荞麦种子内含芦丁成分最高。也可用内蒙古荞麦和日本荞麦。荞麦种子种皮坚硬,不易萌发,种植前先晒 1 天,再用 20℃清水浸泡 22～24 小时,漂除瘪籽和杂质后,沥干表面水分,平铺在苗床内催芽:苗盘下铺纸或布,厚 10 厘米,上盖湿麻袋或湿毛巾,在 25℃条件下催芽,每隔 8 小时用清水喷淋 1 次,同时翻动(倒盘),约 24 小时,芽长 1～2 毫米时播种。

2. 上盘上架摆盘培养 苗盘长 60 厘米、宽 25 厘米。在育苗盘内铺 1～2 层吸水纸,用温水喷湿后播入 120～150 克露白的种子。每 10 盘 1 摞,最上面盖湿麻袋保湿,置 25℃～32℃条件下催芽,每隔 8 小时用温水喷淋 1 次,并上下倒盘。经 3～4 天,待芽长至 2～4 厘米,但未高出盘面时即可摆盘上架,在 25℃条件下遮阴培养,每天喷 1 次温水。6～7 天后,芽长至 6 厘米以上、茎粗 1.5 毫米,这时易出现戴帽长芽现象,应定期喷雾,使空气相对湿度保持在 85% 左右,以促进种壳迅速脱落,子叶尽快展平。

3. 采收 在育苗盘内培养 10～12 天,种芽下胚轴长至 10～12 厘米,即可见光栽培。子叶展平、呈绿色,上胚轴紫红色,近根部为白色时采收:将荞麦苗拔起,切除根部,用清水洗净,扎把或装袋上市。也可带托盘上市。每盘收获芽苗 400～600 克。

芽苗菜生产新技术

（二）席地生产

1. 选地做苗床 选择平坦地块，用砖砌苗床，在苗床内铺 10 厘米厚的细沙，用温水浇足底水，盖上塑料膜保温保湿准备播种。

2. 播种育苗 当苗床温度升至 20℃左右时揭开塑料膜，趁沙床潮湿时撒播一层种子，再覆盖 1.5 厘米厚的沙土，然后盖上塑料膜保温保湿。播后 1 周左右出苗，揭掉塑料膜，支小拱棚遮阴培养。当苗长至 8～10 厘米时进行自然光照栽培。当子叶展平，心叶刚露出，趁植株幼嫩时采收。

3. 采收 将苗床一端的砖搬开，然后将荞麦苗连根拔出，剪掉根部，用清水冲洗干净，扎把或装袋上市。扎把时应将茎、叶分别对齐，扎把后随即呈现出绿叶、紫茎、白根的鲜丽颜色，散发出荞麦的特有味道，很受消费者欢迎。

（三）荞麦芽食用方法

荞麦芽常见的吃法是与盐、蒜、油及芥末油等凉拌，或配菜炒食，或做羹汤。

1. 凉拌荞麦芽 荞麦芽入沸水中焯一下，捞入盘中，放上葱丝。炒锅烧热放油，油热后放花椒爆香，滤去花椒，将油浇在荞麦芽上，加入盐、味精、醋、酱油即成。

2. 肉丝炒荞麦芽 猪肉 150 克，荞麦芽 250 克，食油 25 克，葱、姜、蒜末少许，蛋清、淀粉、料酒、糖、醋、盐、香油适量。将猪肉切成丝，放入碗中，加入蛋清、盐、料酒、醋、淀粉拌匀，腌几分钟。荞麦芽洗净、沥干。炒锅加入油，烧至五六成热时，放入肉丝，翻炒片刻，放入荞麦芽、葱、姜、蒜末。待荞麦芽熟后，淋少许香油即成。

3. 荷叶飘香 荞麦芽 100 克，香菇 100 克，高汤、盐、葱花、胡椒粉、水淀粉、味精适量。荞麦芽用沸水焯一下，高汤上锅煮沸，加入香菇，勾入淀粉，煮沸，放入荞麦芽，加入盐，稍沸出锅，加入葱花、胡椒粉、味精。

4. 荞麦苗汁 利用榨汁机榨汁,稀释成能接受的浓度饮用。开始饮用时以 1 汤匙荞麦苗汁加 1 杯水,习惯后再增加浓度,可添加些柠檬汁或其他水果汁调味。

十三、小麦芽苗生产技术

小麦为禾本科小麦属 1~2 年生草本植物。世界上栽培非常广泛,是主要的粮食作物。小麦种子发芽后即为小麦芽。小麦芽含有丰富的麦绿素、酵素、天然维生素、矿物质及氨基酸等成分,能消除长期积累于血液中的毒素,对于哮喘、便秘、糖尿病有很好的辅助疗效。麦芽可以做成香甜的麦芽糖、麦芽饼等食物,也可以作为啤酒制作的重要原料之一。此外,麦绿素中还含有多种天然维生素、矿物质及用于细胞呼吸、脂肪氧化的 200 多种酶,可防止冠心病、脑溢血、肝病及视力低下多种疾病的发生,被欧洲人誉为"绿色血液"。生长 7 天的小麦芽可生嚼或榨汁饮用。目前我国还未形成对小麦芽饮料的开发,如能适时加以开发,将会有十分广阔的市场。

1. 生产场地 小麦耐寒性较强,对光照要求也不严格,因此旧厂房和日光温室都可满足生长条件。

2. 生产方法 将小麦籽用清水淘洗,漂去杂物,并用清水浸泡 24 小时。浸透水后放入桶中,上面盖一层湿布,在室温下催芽。每天用清水淘洗 2 次,出芽后播种:育苗盘底部铺一层吸水纸,略小于盘底,使多余水分从盘底流出。每盘播种约 100 克(干重)。播后将苗盘摆放到育苗架上,每天浇清水。播后第七天,芽长 2~3 厘米,心叶还未钻出时,立即采收。采收要及时,过早或过晚,都会影响小麦芽的品质。

十四、芥菜芽菜生产技术

芥菜芽菜采用苗盘栽培。苗盘底部铺吸水纸,将种子撒入。每天加水,使之勿干。3～5 天子叶展开,菜芽转绿后即可采收。切去根部,做汤、凉拌、配菜均可。

十五、鸡冠花芽苗菜生产技术

鸡冠花品种多,色泽各异。鸡冠花芽苗菜富含蛋白质、维生素、微量元素及人体必需的氨基酸,具有药、菜兼备的多种功能。入药性凉、味甘、无毒,有凉血、止血、止痢、止白带等多种作用,还可清肝明目、消赤肿、治翳障、降血压、强壮身体等功效。做菜风味独特,柔滑可口,营养丰富,色泽艳丽,深受消费者欢迎。

第一,选种。选择当年收获的新鲜种子,淘洗干净,漂去瘪籽、杂质,用清水浸泡 20～24 小时,期间淘洗换水 1～2 次。沥水后放入桶中或盆中,上面盖一层干净湿布,在 20℃～21℃条件下催芽,每天用清水冲洗 1 次,待种芽突出种皮时播种。

第二,播种。将催芽后的种子播于育苗盘内,每盘 10 克左右(干种),每 5～10 盘摞叠一起,上下铺垫保湿盘,3 天后芽长至 1 厘米时上架。

第三,管理。芽苗生长期间,白天温度保持 17℃～21℃,夜间保持 12℃左右。每天喷淋清水 1～2 次,并将育苗盘上下、左右互换位置,以利芽苗生长一致。

第四,采收。当芽长至 10～15 厘米,即可剪取嫩茎梢和嫩叶,捆成 50～100 克的小把或整盘出售。

十六、南瓜苗生产技术

南瓜为葫芦科 1 年生植物,通常包括南瓜、笋瓜、西葫芦 3 种,一般以果实为食用器官。近年来用其嫩梢、嫩茎、嫩叶和嫩叶柄,以及嫩花茎、花苞作食用的,日渐增多,而且将南瓜苗出口日本、东南亚等国家和地区。一般品种的叶均可食用,但有点涩味。据《中国蔬菜》2012 年 12 期报道,湖南省常德市鼎牌种苗有限公司已培育成专吃南瓜茎叶的品种——保健。该品种的特点是茎叶质地柔软、清爽、绝无涩味;植株从基部开始,所产生的子蔓、孙蔓粗壮均匀,茎叶产量特别高、可采收到霜降,最后还可收一批老南瓜。菜农邓建稳种植南瓜苗,每 667 米^2 收入 5 万元。南瓜叶的吃法很多,现介绍水煮南瓜叶:先将茎叶从茎口处撕去表层粗纤维,然后按 1 厘米左右切碎,清洗 2 次,放入鸡蛋汤、肉汤或鱼汤内煮熟即可。放入清水中煮熟,味道也挺好,口感柔软、清爽。

十七、紫苏芽苗生产技术

紫苏又称赤苏、红紫苏、荏、桂苏、苏、香苏、杜荏、白苏、黑苏、油三苏。紫苏芽是用紫苏种子培育出来的幼苗。紫苏属于 1 年生草本植物,根系发达,茎秆直立,密生茸毛,茎叶紫色或红紫色;叶柄长,叶片绿色或紫色,叶背有细油点可分泌特殊香气。紫苏幼苗和嫩茎叶都可食用,而且有特殊的香味。可出口日本,销往我国香港特别行政区。紫苏一般采用种子直播法进行繁殖,芽苗生产既可在育苗盘内进行,也可席地生产。

(一)育苗盘生产

紫苏种子脂肪含量较多,发芽时由于呼吸作用会产生大量热量,所以催芽过程中应经常翻动种子,并用清水淘洗。

采用两段式浸种催芽栽培。清选种子,用 0.1%高锰酸钾溶液浸泡 15 分钟消毒,再用清水漂洗干净,或用 45℃热水搅拌烫种 5～10 分钟,然后在 20℃～25℃清水中浸泡。待种子充分吸水膨胀捞出,清洗干净催芽,将种子用 3～4 层干净的湿布包裹,放在干净的非铁质容器里,放置在 22℃左右湿润环境条件下催芽,每隔 4～6 小时用清水淘洗 1 次,7 天左右种子露白。在催芽过程中注意不要积水,否则易烂种。

用育苗盘培育紫苏芽,盘内铺珍珠岩、细炉渣、蛭石或细沙等,将种子播入后覆盖基质,厚度 1 厘米左右。可直接摆盘上架遮阴培养,喷淋水量要少,以保持基质潮湿为度,培养室的气温应在 18℃左右,这样培育出的紫苏芽苗粗壮脆嫩,而且产量高。

育苗盘紫苏芽生产周期 10～15 天。一般在幼苗高 12 厘米左右、子叶展平、真叶 2 叶 1 心时,趁芽苗幼嫩,未纤维化及时采收。用快刀从幼苗的基部割下来,然后按一定重量装盒或装袋上市销售。如果因收获晚植株出现纤维化,应采摘幼嫩部位的芽梢,剩下已纤维化的茎继续培养嫩芽,这样可以进行多次采收。

(二)席地生产

紫苏芽席地生产,一般采用沙培法。紫苏种子可以干播,也可浸种催芽后湿播,播后覆细沙 0.5～1 厘米厚,以保持土壤湿润。紫苏种子因带有特殊香气,易招引鸟儿啄食,应注意防鸟害,可以扣遮阳网,既防鸟害,又能降低光照强度。在气温 20℃、床土潮湿的条件下,经 15 天左右,紫苏苗长至 15 厘米,有 3 叶 1 心时,应趁茎叶幼嫩及时采收。在根基部用快刀割下,也可按 5 厘米的苗距间苗,间下的苗切根包装上市,留下的苗摘心,促发腋芽,这样可以多次采收。

第三章　体芽菜生产新技术

一、花椒嫩芽菜生产技术

花椒又叫香椒、秦椒、椒目，为芸香科花椒属灌木或小乔木，以采集果皮食用为主，是著名的香料植物。花椒原野生于我国的秦岭山脉，海拔 1 000 米以下地区，现分布于全国各地，太行山区、沂蒙山区、秦巴山区、陕北高原南部、川西高原东部以及云贵高原是主要产区。其中四川汉源、冕宁；陕西凤县、韩城；山东莱芜；河北涉县、武安以及山西东南部是特产或名产区。

过去民间常采花椒嫩枝幼叶食用，俗称花椒脑、花椒蕊。采用传统的栽培方法，只能在春季很短的时间内采集，加之枝条杂乱采摘困难。因此，难于形成大批量商品生产。采用保护地密集囤栽技术进行大面积集约化生产，不但可以大批量商品化生产，而且延长了产品供应的时间。北方保护地生产的花椒脑，芽梢长 6～10 厘米，有 4～5 片复叶，叶片绿色或浓绿色，芽梢基部幼枝干上有软皮刺，单芽重 1.5～2 克。花椒脑可凉拌、腌渍、炸食或作火锅配料涮食。花椒脑富含钾、钙、胡萝卜素和维生素 A 等营养物质，并因含有挥发油和辛辣物质而有特殊的芳香和麻辣味，具有去腥膻、开胃、增进食欲以及温中散寒、去寒痹、行气止痛、明目等功效。清朝乾隆皇帝有一次出巡到了山东孔府，午餐时食欲不振，满桌山珍海味不想吃，恰好这时有人送来一些鲜嫩的绿豆芽，厨师随即炒了一盘"油泼花椒豆芽"献上去。乾隆出于好奇，随手用筷子夹起尝了尝，顿觉这道菜清香淡雅，脆爽可口，马上冒出大汗，食后大加称赞。从此，"油泼花椒豆芽"便成为孔府一款开胃名菜。做法是先将鲜嫩绿豆芽用沸水焯一下,而后用几粒花椒爆锅,再把豆芽下锅炒几下即起锅。

(一)花椒的生物学特性

花椒株高 3～7 米,主根不发达,侧根比较强大,吸收根主要分布在 10～40 厘米深的土层内,约占总根量的 70%。奇数羽状复叶,叶轴具窄翅,小叶 3～11 片,叶卵形或椭圆形,叶面无皮刺,叶内具透明油腺点。花椒 1 年生苗木生长势弱,生长量小,囤栽后剪去梢部,一般可发出 4～10 个枝芽。花椒的花小、绿色,属单性花,聚伞状圆锥花序或伞房圆锥花序,少数簇生。雄花有雄蕊 4～5枚,雌花雄蕊退化,有分离的心皮 4～5 室,每室各有胚珠 1～2 个。果实为蓇葖果,1～5 个聚生在一起,无柄、圆形、横径 3.5～6.5 毫米,果面密布疣状腺点,中间有一条缝合线,成熟果沿缝合线开裂。外果皮红色或紫红色,内果皮淡黄色或黄色。有种子 1～2 粒,千粒重约 18 克。皮硬骨质,黑色或蓝黑色,有光泽,胚乳富含脂肪。种子种皮坚硬,富含油质,透性差,难发芽。常温条件下贮藏,寿命不超过 1 年。

花椒在年平均温度 8℃～16℃ 的地区均可栽培,但以 10℃～14℃ 处栽培最适宜。春季日平均温度稳定在 6℃ 以上时,芽开始萌动,10℃ 左右时开始伸展生长。10 厘米地温达 8℃～10℃ 时,即可播种。花椒要求充足的光照,若光照不足,易引起枝条徒长、细弱、不充足,芽苞瘦小。花椒属浅根性树种,为了培育囤栽合格率高的苗木,种植时应选用土层深厚、疏松,保水保肥性强,通气良好,肥力高的沙壤土或中壤土地块。

根据囤栽花椒的栽培特点,可将花椒生长期划分为种子层积期、幼苗期、苗木期、休眠期及椒脑形成期。种子层积期指从土地封冻前开始进行层积处理至种子萌动、部分种子露芽,在冬季自然低温条件下需 120 天左右。幼苗期指从胚根显露至苗高 7～8 厘米,有 4～5 片真叶展开,在日光温室等保护地条件下需 60 天左右。苗木期指自幼苗期结束至苗木落叶,在华北地区需 150～170 天。幼苗出土(露地直播)或定植(育苗移栽)后,于 5 月中旬开始迅速生长,6 月中下旬进入生长最盛时期,8 月中旬后生长减缓,直至生长停止,10 月下旬枝条已充实、芽苞饱满成熟、叶片陆续脱落。休眠及椒脑形成期指从苗木自然落叶至枝梢上部最大侧芽长至 6～8 厘米,叶 4～5 片,在高效节能型温室中及时囤栽,需 60～70 天。

(二)花椒类型与品种

我国各地比较著名的花椒品种有大红袍、二红袍(大花椒)、小红袍(小红椒)、白沙椒、拘椒(臭椒)等。其中以大红袍分布最广。该品种树势健旺,喜肥水,要求较肥沃的土壤,但耐旱力和抗寒性较差。因此,入冬前应注意防苗木冻害,及时刨苗和囤栽。近年来从日本引进的无刺花椒品种,枝干无刺,便于椒芽采收,是一种极具推广价值的优良品种。

采集种子,应选择树势健壮、结果多、芽梢麻辣味及香味浓郁、食用品质优良的 8～15 年生成年树作采种母树,于 9 月上旬至 10 月上旬当花椒果实呈紫红色时采摘,并将果实放在通风、干燥的室内阴干,使果皮自行裂开,种子脱出果皮。生产中应注意不要从刚进入结果期的年青树或树势已显衰败的老年树上采种,否则种子空秕率高、发芽率低。采种时间不要过早或过晚,过早,种子尚未完全成熟,发育不充分,发芽率低;过晚,果实开裂,种子易脱落,采种量低。生产上一般在少数果实(5%以下)开裂时采收,采摘后的果实忌在阳光下长时间暴晒,否则发芽率将显著降低。开裂后收集的种子应继续阴干,切勿堆积在一起,以免发生霉烂。

(三)1年生苗木的培育

1. 种子处理　华北地区一般在 9 月份,当花椒果实呈紫红色,有 2%～5% 的果实开裂时采收。采后放在通风、干燥、阴凉处,用小木棍轻轻敲打,使种子脱出果皮。市场上用作调料的花椒,种子已经高温和日晒,基本丧失了发芽能力,不能使用。脱出的干燥种子,装入开口的木箱或布袋中,存放在通风、干燥、阳光不能直射的室内,待 11 月中下旬土壤封冻前,进行层积处理。方法是:将种子与 8 倍的洁净、过筛的潮润细河沙混合均匀,细河沙的湿度以用手能捏成团,但不出水为度。将与湿沙混匀的种子放在木箱或其他易渗水的容器中,然后在地势高燥、排水良好、背阴避风处挖深 50～80 厘米的土坑,将容器埋入坑中;也可在坑底铺厚约 10 厘米的湿河沙,直接将与湿河沙混匀的种子放入坑中,在距地面 10～20 厘米处再铺盖一层湿河沙,此后随外界气温的下降,分次在上面培土,厚度达 30～40 厘米,入春后地温回升时再逐渐撤去培土层。为加强通气,可在坑的中央埋入 1～2 个秫秸把。在翌年 2 月中下旬至 3 月中下旬有部分种子开始露芽时即可取出播种。也可将种子装入布袋,然后浸湿并摊成薄层,夜间放入冰箱冷冻室,白天置室温解冻,反复冷热交替处理 20 天左右,到种皮可用手搓下时,用 400 毫克/升赤霉素溶液浸种 24 小时后,放在 30℃ 恒温黑暗条件下催芽 8 天,发芽率近 80% 时播种。

为了使种子脱油,可用 1% 碱水或 1% 洗衣粉溶液浸种,并用木棒反复捣搓去油。溶液中因混有种子油质,黏度较大,可适当加入稀释的洗涤灵,再用清水反复冲洗,直至种皮无油质时捞出晾干。也可采用沸水烫种法处理,即将种子倒入容器中,加入 100℃ 沸水,边加水边搅动,待水温降至 40℃～50℃ 时,浸泡 10 小时捞出,如此反复进行 2 次即可。

2. 播种　选背风向阳、排灌方便、肥沃疏松的壤土或沙壤土。

华北地区通常在 3 月上中旬土壤化冻后趁墒播种,若土壤较干,应提前浇水造墒。播种时按沟距 30 厘米,开深 5 厘米的小沟,将种子撒入沟底,每 667 米^2 播种 8～10 千克,播后立即覆土,厚 2～3 厘米,并在畦面覆盖草秸或地膜。经 10～20 天出苗,出苗后撤去覆盖物。苗长至 4～5 厘米高时进行 1 次间苗,去弱留强,疏密留稀,苗距保持 10～15 厘米,每 667 米^2 留苗 2 万株以上。间苗时结合进行拔草和浇水。进入迅速生长期后,6 月上旬至 8 月上旬追施 1～2 次薄肥,每次每 667 米^2 施磷酸二铵或三元复合肥 15～25 千克,施肥应与浇水结合进行。入秋后应控制浇水,一般不再追肥,以免苗木后期贪青疯长,降低抗寒性。

为了提高苗木的质量,一般在 2 月上中旬采用营养钵在日光温室内进行播种育苗。5 月初定植,定植前 1 周进行低温炼苗。采用育苗移栽播期比大田直播提前 1 个月,出苗后又在良好的条件下生长,可增加苗木的生长日期,而且定植时不散坨、不伤根,定植后缓苗快。

3. 苗木的管理　5 月上旬,当幼苗长有 4～5 片真叶时定植。定植前 2～3 周深翻土地,每 667 米^2 施腐熟的堆肥 2 500～5 000 千克、鸡粪 250 千克、草木灰 60～100 千克。整平后,按 60 厘米距离开沟,将沟底用平耙荡平。幼苗在定植前 1～2 天浇 1 次透水,定植时轻轻脱去塑料苗钵,要求不散坨、不伤根,每个畦沟栽 2 行,株距 15～20 厘米,栽后及时浇定植水。

(四)日光温室囤栽技术

1. 苗木准备　5 月初定植的花椒苗至 11 月份可长至 60～100 厘米高,茎基部粗 0.5～1.2 厘米。11 月上中旬,苗木叶片全部脱落,此时即可起苗进行囤栽。起苗前要浇足起苗水,待土壤稍干后再刨挖苗木。囤栽的苗木要求挺直、粗壮、主侧根完整、留有较多须根,苗木刨挖后要尽量减少风吹日晒的时间。为了避免低温冻害,通常采取随起随囤,苗木不再进行露地假植。如果不能做到随起随囤,可在背阴处开沟,将苗木倾斜着码在沟中,埋土假植。

2. 囤栽方法 在日光温室内囤栽,多采用南北走向做囤栽床,床面宽 100～200 厘米,床间留 50 厘米的作业道。囤栽床下挖深 10～15 厘米,把土堆放在作业道上。囤栽前将植株顶部剪齐,株高 60 厘米以下的,苗木截取成 50 厘米高;株高 60～70 厘米的,苗木截取成 60 厘米高;株高 70 厘米以上的,苗木截取成 70 厘米高。剪截后的苗木按高矮分别囤栽,一般采用开沟码埋:在畦床上东西向开沟,一沟紧挨一沟码苗、埋根,较矮的苗木栽在畦床南部,较高的栽在畦床北部,随囤放随土固定,要求棵棵紧挨,排列整齐,埋土至根颈部,用脚轻踩土层。每 667 米² 囤栽 6.5 万～7.5 万株。

3. 囤栽后管理 囤栽后立即浇 1 次大水。为促使植株发芽,在囤栽 10～15 天之内应逐渐提高室内温度和空气湿度,白天温度保持 25℃～27℃、夜间 15℃～20℃,空气相对湿度 80%～90%。每天上午 10 时至下午 3 时向苗木喷水 1～2 次,经 30～40 天后发芽,发芽后温度白天保持 20℃～25℃、夜间 10℃～18℃,空气相对湿度降至 80% 左右。为使幼芽迅速生长并保持鲜嫩,每天午前喷 1 次水。整个囤栽期间,一般不施肥,主要依靠苗体贮藏的养分供芽梢生长。一般每株苗木从顶部往下可同时长出 4～6 个嫩芽,最多可达 10 余个。各芽位同时生长,但以顶芽长势最盛。芽梢有 4～5 片真叶、长 10 厘米左右时即可采收。采收时可单采大叶片上市,也可采摘芽梢上市,但应留基部 1～2 片复叶,以便萌发侧芽。此期采收的叶和枝品质柔嫩、颜色鲜绿、芳香浓郁。采收过早影响产量;采收过迟则影响品质。采收后留下的基部叶腋芽也可抽生出健壮的节梢。采收期可一直延续至 5 月份,每 667 米² 可采收约 900 千克。采后暂时贮藏在 4℃ 低温条件下,可保鲜 7 天。收获后的椒芽及时用泡沫塑料托盘加保鲜膜封装后上市。

花椒苗从春节前开始采收,一直可采收到树体储藏的养分耗尽时止。然后废弃该批苗木,入冬前重新囤栽新培育的 1 年生苗木。若 1 年生苗木货源紧张,需要重复利用苗木时,应在 5 月中旬前,留根颈部基干 10～15 厘米进行缩剪,从温室囤栽床中挖出,随即于露地栽植。1 米宽畦种 2 行,株距 20 厘米,每 667 米² 栽植6 500～7 000 株。采用上述方法,同一批苗木,一般可连续使用3～4 年,但成活率只能达到 85％左右。因此,每年将损耗一部分苗木,至第五年时苗木仅剩 1/2 左右。

花椒病害主要有叶锈病和煤污病。叶锈病发病时叶背面出现锈红色不规则环状或散生的孢子堆,严重时扩及全叶。可用 65％代森锌可湿性粉剂 500 倍液喷施防治;煤污病发病时在叶及枝梢表面出现不规则暗褐色霉斑,后逐渐扩大形成黑褐色霉层,严重时可导致落叶。煤污病常伴有蚜虫和白粉虱危害,因此必须注意防治蚜虫和白粉虱。花椒幼苗期和苗木期主要害虫为蚜虫,可用40％乐果乳油 1 000～1 500 倍液喷施防治。

(五)花椒芽苗菜工厂化生产

花椒芽苗菜在加温玻璃温室中采用多层培养架生产。培养架分育苗架和绿化架,用 30 毫米×30 毫米×4 毫米角钢焊接而成。花椒芽苗菜工厂化生产,一般要经过种子筛选,冷热交替处理,赤霉素浸种,催芽,播种,育苗,绿化,精选包装等步骤。将精选的种子过筛后,放入 0.3％漂白粉混悬液中漂洗消毒,装入布袋(20 厘米×40 厘米),每袋装种子 2.5～3 千克,将布袋放入水中浸湿,并摊成薄层,夜间放冰箱冷冻室,白天置室温解冻,经 20 天左右,可除去花椒种子表面油质,将种子倒出,用流水冲洗至水澄清。将种子倒入 400 毫克/千克赤霉素溶液中浸泡 24 小时,打破种子休眠,再用清水冲洗干净。然后放入布袋,置温箱内在 30℃恒温黑暗处催芽,待胚根露出 3～5 毫米时放入清水中。培养盘底垫两层湿润的吸水纸,捞出已发芽的种子,均匀摆播于培养盘中,播种量120～160克。将培养盘放在育苗架上,每层4盘,每架48盘。育苗在弱光条件下进行,一般每隔6～8小时用立体移动喷灌浇1次水,在喷灌水中添加营养液培养48小时。营养液各元素浓度(毫克/升)分别为:氮100、磷30、钾150、钙60、镁20、铁2、硼1、锰6、钼0.5。添加量随胚轴的伸长和子叶的展开程度而增加。一般经过4～5天的育苗阶段,可将其移至绿化架进行见光培养。每天浇水4～5次,傍晚浇1次营养液。花椒苗在3 000～5 000勒光照条件下培养3～4天,苗高至13～15厘米,叶色翠绿,即可采收。一般每千克种子可生产芽菜2～3千克。

二、香椿体芽菜生产技术

香椿体芽菜是香椿的嫩芽梢,是从木质化的香椿植株上采集的可食部分。木质化的香椿植株称香椿树,是用香椿的幼苗培育出来的。因此,香椿幼苗是生产香椿体芽菜的基础。

香椿幼苗繁殖主要有3种方法:一是利用种子繁殖幼苗。二是利用香椿树的枝条进行压条繁殖幼苗。三是利用根蘖或根段繁殖幼苗。

木质化的香椿苗木主要有3种类型:一是将1～2年生苗木经矮化处理后,继续原地培养,可直接采摘椿芽。二是苗木经过矮化处理,冬前打破休眠,然后密植或假植在温室或大棚内继续培养,产生椿芽。三是露地栽培或野生的香椿幼苗,经3年以上生长发育成为香椿树,可在每年春季采摘椿芽。

(一)香椿树采椿芽

一般每年从4月份开始可采收至6月份。当椿芽长至8～10厘米,趁叶芽肥嫩、味浓、色泽好、尚未木质化时,从嫩芽梢的基部剪下。先采收主干顶端的嫩芽,采完后再采一级分枝上的顶芽,然后再采二级分枝上的顶芽。采取摘大留小、摘密留稀、摘老留嫩的原则,最后树上要留 1/10～1/5 的椿芽不采,以培养树势,保证翌年的产量。香椿树采芽一般每隔 5～6 天采 1 次,每次采完后都应叶面喷施 0.3%尿素溶液和 0.2%磷酸二氢钾溶液,以补充嫩芽梢的营养。椿芽采集后要仔细整理捆把或装盒装袋上市,较密封的包装袋,如塑料袋要适当扎几个孔,这样既可减少水分蒸发,又不影响袋内椿芽的呼吸。如果需存放,应放在阴凉潮湿的环境中,在 0℃～5℃条件下可存放 10～15 天。

(二)香椿芽离体生产

香椿芽离体生产是将香椿树的枝条剪下扦插,利用枝条内储藏的营养,长出嫩芽供食用的栽培方式。

香椿硬枝的芽,在室内温度 5℃～22℃条件下,均可萌发。在恒温 21℃和 27℃,以及室内日平均温度 17.3℃和 14.6℃ 4 种条件下进行溶液培养,经 35 天,日平均温度 17.3℃的产量最高。香椿硬枝插入瓶中,白天室温保持 18℃～20℃,夜间 8℃～10℃,每隔 3～5 天补充 1 次水分,约 15 天开始发芽。影响香椿嫩芽产量的主要因素是枝段粗度(或单位长度的枝条重量)、培养温度、培养液成分和枝段上的芽数,其影响程度排序为:枝条粗度＞培养温度＞培养液种类＞枝段上的芽数,最佳组合为枝段粗 1.4 厘米、培养日平均温度 17.3℃、培养液为 0.1%磷酸二氢钾溶液或自来水、枝段上有 7 个芽。

插枝采芽有液体培养法和基质培养法两种。

1. 液体培养法

(1)插条准备 秋末冬初香椿落叶后,从 1～2 年生实生苗木上,将未受冻的枝条剪下,或将修剪整枝时从成年树上剪下的枝条,截成小段,段条长 40～50 厘米,不能短于 25 厘米;茎粗在 1 厘米以上,最好达 1.4 厘米,其上有 7 个芽。每个插条上端,距剪口 1.5 厘米处必须有 1 个饱满的顶芽,下侧还应有 1 个较饱满的侧芽。插条剪好后,最好将下端放入 0.005% 赤霉素溶液中浸泡 10 分钟,以打破休眠,再用清水浸泡 3～4 天,然后扦插。如果在香椿落叶 17 天后剪枝,因其已通过休眠期,插枝可以不用赤霉素处理,直接用清水浸泡后扦插即可。

(2)容器及溶液 液体培养可用罐头瓶、玻璃瓶、浅瓶盘、塑料盆等作容器。大批量生产时可用木箱,箱内衬一层塑料薄膜,防止溶液渗漏。

水培香椿枝条,是利用枝条中储存的养分,使香椿芽萌动,发芽生叶。为提高香椿芽产量,李锡志连续 2 年进行了在水中添加植物生长调节剂、微肥和其他营养成分的试验,多数为负面作用,只有少数几种有增产作用。用赤霉素处理,对香椿有解除休眠的作用,处理后发芽早、生长快,但叶片薄而黄,产量低。叶面宝和稀土微肥,有增产作用,但增产幅度不大。磷酸二氢钾(0.1%)溶液和自来水培养的香椿枝条产芽量相近,比 1/2 MS 培养基和磷酸二氢钾(0.1%)+尿素(0.1%)溶液培养的产量高。1/2 MS 培养基和磷酸二氢钾(0.1%)+尿素(0.1%)溶液培养的产量分别为磷酸二氢钾溶液的 81.5% 和 65%。这两种溶液,适宜细菌繁殖,枝段下切口易腐烂,香椿芽生长不好。

(3)插条培养 插条用赤霉素处理后,马上插入容器中。每个废罐头瓶可插直径 2～2.5 厘米的插条 4 段。然后将罐头瓶置于温室、大棚、阳畦等设施内的畦埂、走道、火道下方或两侧,或吊挂(架)在大棚或温室的后墙上,或摆放到有暖气设备的向阳窗台上。白天室温保持在 18℃～20℃、夜间 8℃～10℃,隔 3～5 天补充 1 次水分。从插入容器算起,约经 15 天开始发芽,45～55 天可以采收,每瓶可产鲜香椿芽 9.3～13.3 克。一般 1 米长的距离内能摆放 10 瓶,从下向上隔 30 厘米放一层。一个长 50 米、宽 7～8 米、高 1.5 米的温室或大棚,后墙上能挂放 5 层,约 1 500 瓶,连同畦埂和火道旁等处,共放置 2 000 瓶,扣除成本,可增加收入约 2 000 元。大规模生产时,可专设液体培养生产场地:在背风向阳处,做宽 1～1.2 米、深 20 厘米的低畦,摆放插入枝条的容器,每平方米放插条 400 枝。搭设小拱棚,棚膜四周封严。温度低时可将低畦设在日光温室或塑料大棚内。有寒流时,拱棚上加盖草苫或纸被,还可在棚室内挂红外线灯增温。

2. 基质培养法

(1)插条准备　秋末冬初香椿落叶后,结合修剪整枝,选 1～2 年生、直径 1.5 厘米以上的枝条,截成 30～40 厘米长的小段,每段插条最上部距切口 1.5 厘米处应有 1 个顶芽,还应有 1 个较饱满的芽作侧芽。扦插前用 20℃ 的 0.005% 赤霉素溶液浸泡 10 分钟。

(2)栽培床准备　最好采用电热栽培床。床长 7 米、宽 1 米、深 20 厘米。踩平畦面,先铺一层厚 3 厘米的秸秆作隔热层,再铺一层薄膜,膜上垫土,厚 1～2 厘米,上面铺 1 根长 100 厘米、功率 1 000 瓦的电热线。然后,铺设床土,厚 15～20 厘米。床土宜用壤土,壤土保温和保水性良好。

(3)扦插　采取密集扦插,多层覆盖的方式。根据插条长短,分组扦插。行距 10 厘米、株距 1～2 厘米,每平方米插枝段 700～900 条,插深约 10 厘米,使插条顶部高低一致。扦插后,在插条上覆盖地膜,并搭小拱棚盖薄膜和草苫。

(4)精心管理　生长期间进行遮阴或弱光照管理,床内温度保持 20℃～25℃,空气相对湿度 95% 以上,床上经常保持湿润。萌芽后撤除地膜。一枝多芽的选留 1 个壮芽,去掉其余芽。采前 2～3 天,进行自然光照和变温管理,日平均温度保持 20℃,日温差 10℃～12℃。扦插后 40 天左右芽长约 20 厘米时采收,每平方米可采收椿芽 2～2.5 千克。

(三)香椿蛋生产

香椿蛋是指香椿萌芽时,在芽体上套1个空蛋壳,待椿芽长满蛋壳变得坚实时采下,剥去蛋壳即为香椿蛋。香椿蛋颜色姣黄,脆嫩多汁,营养丰富,味美可口,甚受欢迎。

1. 套具准备 将鸡蛋、鸭蛋或鹅蛋,在较细一端用铁钉扎1个直径约1厘米的小孔,让蛋液慢慢流出,将空蛋壳的小孔用塑料绳堵严,用拌草的黄泥在蛋壳外薄薄地糊上一层,晒干后抽出堵孔的塑料绳,套在芽体上。也可用扁圆形、扁形、长形或方形等自制的塑料盒。塑料盒最好做成两半的,像合页一样可以扣合。若套具不足,还可用牛皮纸或黑纸,做成小纸袋替代,但生产的香椿蛋形、色、味及坚实度均不如用蛋壳套的好。

2. 枝条采集 香椿蛋可以利用露地栽培,但上市晚,效益低;利用日光温室栽培,虽可在春节期间上市,但栽培材料多为1年生苗或平茬苗,营养积累少,很难培育出上等产品。张志录等人用成年大树上的1年生枝进行水培生产香椿蛋,效果良好。

香椿落叶后有17天左右的休眠期,即在1℃～5℃低温条件下,需经15～20天才能发芽。为保证水培枝条顶芽能及时萌发,枝条至少应在树体落叶休眠后17天采集。采集时,应从树冠内选择生长充实、芽体饱满的1年生枝,从枝顶向下截取1米左右的枝段。不足1米长的,从基部剪下,不带2年生枝段。枝条的长度以方便水培为好。在不影响水培的条件下,枝条越长越粗越好。

3. 水培 在日光温室内架设水槽,宽1米、深50厘米,长度随温室而定。水槽两侧顺长架立高约80厘米的栏杆,在两栏杆上横架略长于1米的细横杆,杆间距离10厘米。水中加0.1%新洁尔灭液消毒后,注入水槽中,水深约30厘米。视水质情况,一般每隔3～4天换水1次。若水质差,应每天换水1次。换水时,要把旧水彻底放净后再加新水。换水最好在傍晚或早晨进行,若能把新水预热到与旧水温度相同时再换更好。

香椿蛋上市前 20~30 天,将枝条基部插入槽中。为便于枝条吸收水分,在入槽前应将枝条基部两侧切削成长约 7 厘米的楔形,要随切随入槽随注水。枝条要直立于水槽中,并用绳子固定到横杆上,枝条的株、行距均为 10 厘米。

水培初期,温度保持 25℃;芽萌动后,昼温控制在 15℃~25℃、夜温 10℃ 左右,最低不低于 5℃。采收期白天室温保持 18℃~25℃。温度低,椿芽长得慢;温度高,椿芽长得快。因此,可通过调节温度控制采收期。顶芽萌发后,空气相对湿度以 70% 为好。

4. 套芽 香椿露芽前,将蛋壳用黄泥糊好,泥中拌些碎草,涂于蛋壳外,晒干;也可用纸糊 2~3 层,防止芽满后撑破蛋壳。椿芽萌动时将蛋壳套到芽上并固定好。

5. 采收 因香椿芽在蛋壳内生长,从外面看不见芽的生长状况,所以采收时间以不套蛋壳自然生长的芽的采收为标准,或略迟 1~2 天。一般在香椿顶芽萌发 6~10 天后即可达到商品芽。蛋壳套到芽上后 10~12 天,芽就能充实蛋壳,应立即采收。采"蛋"宜在早、晚进行,宜遮阴剥壳及时存放。一般每平方米可产"椿蛋" 600~800 克,高的达 2.5~3 千克。

三、枸杞头日光温室栽培

枸杞俗称甜甜芽、甜菜头、野辣椒、枸杞头、枸杞子、狗芽菜。中医称地骨皮、天精。为茄科枸杞属多年生灌木,在蔬菜上多作 2 年栽培。原产我国,遍布南北各地,多生长在山坡野地,田边路旁。全株皆可利用,自古作药材和野生蔬菜。近年来开发出枸杞茶、枸杞可乐、速溶枸杞等系列产品。据明代著名药学家李时珍《本草纲目》记载:"春采枸杞叶,名天精草;夏采花,名长生草;秋采子,名枸杞子;冬采根,名地骨皮"。枸杞嫩叶亦称枸杞头,俗名"天精草"和"明睛叶",枸杞叶含有较多的蛋白质、粗纤维、各种矿物质、维生素,尤以胡萝卜素含量多,每100克鲜茎叶中含3.9毫克。胡萝卜素是维生素A的前体,动物体能把胡萝卜素转化成维生素A,维生素A的重要作用之一是预防和治疗夜盲病。夜盲病患者开始表现为对黑暗适应缓慢,随之很快全夜盲,注射维生素A后,很快就可痊愈。干眼病为另一种维生素A缺乏症,眼结膜外部干燥,角膜发炎,眼睛溃烂,可使视力衰退,是一种常见的婴儿和儿童营养不良症。常吃枸杞嫩梢芽,可以大量获取胡萝卜素,保证人体正常的维生素A的持有量,可有效地预防、治疗夜盲症和干眼病,因而枸杞嫩茎又称"明睛叶"。枸杞子为枸杞成熟的果实,别名西枸杞、白刺、山枸杞、白疙针等,有降低血糖、抗脂肪肝的作用,并能抗动脉硬化。常吃有明目、养肾、去热之功效,是一种优质保健蔬菜。在南方地区,枸杞以秋冬季露地栽培为主,采收期从10月份连续至翌年4月份,夏季为越夏休眠期。北方地区冬季寒冷,夏季炎热,不适合露地栽培。

(一)生物学性状

枸杞株高一般60~70厘米,高的达1.5~2米。水平根发达,直根弱,枝条柔软,常弯曲下垂。小枝淡黄灰色,茎节具针刺,节间短。叶互生或簇生于短枝上,有披针形、长披针形或卵形等。叶柄短,叶色淡绿或绿色,叶肉肥厚或柔薄。2~8朵花簇生于叶腋,完全花。浆果,卵形,成熟时色红艳丽,味甘甜。种子小,扁平,黄白色或黄褐色。枸杞适应性较强,耐寒,喜冷凉,适宜生长温度白天20℃~25℃、夜间10℃左右,白天在35℃以上高温、10℃以下低温时生长不良,有时会落叶。喜光照,尤其采后茎部重萌腋芽时,要求较多的光照。根系发达,吸收力强,耐旱耐寒,但不耐涝,抗风雨。要求土壤湿润、肥沃、疏松。

（二）类型和品种

枸杞有 4 个栽培种,即大叶、细叶、无果枸杞芽和宁杞菜 1 号。宁夏枸杞主要以果实和根皮作药用;无果枸杞芽是宁夏杞芽食品科技有限公司用野生植物的根苗与枸杞枝条嫁接培育的新品种,不开花、不结果,绝大部分营养都囤积在芽中。宁杞菜 1 号,是宁夏枸杞研究所 2002 年培育的新品种,主要用作菜用。植株丛生,每丛 5～20 个枝条,枝长 50～100 厘米。叶单生,叶肉质地厚,叶长 6.1～6.9 厘米、宽 1.5～2.2 厘米。根系密集,有效土层内分布半径 60～120 厘米。分蘖力较强,在宁夏大田 4 月上旬开始萌生,4 月中下旬开始抽枝,10 月中旬落叶休眠。主要作蔬菜栽培,多采摘幼梢、嫩茎叶供食,被称为枸杞头。北方保护地生产的枸杞产品,芽梢长不超过 15 厘米,有嫩叶 6～10 片。叶片肥大,全缘无缺刻,卵状披针形至卵圆形,淡绿色或绿色,单叶重 5～6 克。

（三）栽培方式

采收果实的枸杞,一般定植当年开花结果,能持续 50 年以上。作蔬菜栽培的叶用枸杞,通常不开花结籽,每年用插条繁殖,作 1 年生绿叶菜栽培。华南地区冬季温和,可在 8～9 月份扦插,11 月份至翌年 4 月份分次采收。4 月份以后气温较高,不利于枝叶生长,可适时留种。长江流域和华北地区,冬季寒冷,多于 3 月份扦插,直接扦插于大田,或先集中扦插,发根后再移植,5～6 月份收获,7 月份气候炎热,停止采收。为促进嫩叶提早上市,冬春季利用保护地栽培更好。

（四）育苗移栽和田间管理

1. 育苗　选择富含有机质的肥沃土壤,每 667 米^2 施腐熟厩肥 2 000～3 000 千克,深翻耙平后做畦。插条选自当年春季留种植株,宜用中下部半木质化的粗壮枝条,截成长 13~15 厘米的插条,上部不用。每个插条留 3~5 个芽,下部削成 45°角的斜面,上部平削,然后用 50~100 毫克/千克 ABT 1 号生根粉液浸泡插条下部 1~2 小时。扦插时腋芽向上,斜插入土,深 5~7 厘米,留少许露出土面。插后浇 1 次透水,搭小棚用稻草或塑料薄膜覆盖保墒。若扦插时间较晚,夜间温度较低,可在拱棚上覆盖农膜保温,白天适当通风。有条件时也可采用 72 孔穴盘扦插。室温保持 20℃~25℃,基质相对湿度保持 85%,插后 10 天开始发出新根、新芽,20 天左右可发生 6~7 条新根、2~3 条新梢。生根发新梢后,选留 3~5 条健壮新梢,多余的疏去。

2. 定植及田间管理 地整平后做高畦,畦宽 1.3 米,按株距 12~20 厘米定植。插条发生新根、新梢后即可追肥,每隔 10~15 天 1 次,以人粪尿为好,初期浓度较稀,以 10%~20%为宜。生长盛期要施足施浓,促进枝叶生长。天气干旱时,要注意灌水,及时中耕除草,防治病虫害。

扦插后 50~60 天,株高 20~30 厘米即可开始收获,先把生长最旺的枝条采收,留下其余的幼枝继续生长,以后分次分批采收。第一次采收将距地面 25~30 厘米处的嫩梢剪下,梢长 20 厘米左右,扎成小把出售。一般每隔 20 天采收 1 次,7~8 月份高温季节停止采收。每次采收后进行追肥浇水并中耕除草。每 667 米² 可收获嫩茎叶 3 500~5 000 千克。

食用方法是将枸杞头用清水洗净,在沸水中杀青 2~4 分钟,再用冷水降温保护色泽。然后制作冷菜、热菜、饺子馅、包子馅或调羹做汤等均可。

(五)宁杞菜 1 号温棚生产

"宁杞菜 1 号"设施栽培对温棚的要求不高,简单的日光温室即可。一般选择有效利用面积为 400~667 米² 的温棚较为适宜。

温棚冬天只需草苫保温,不需要另置增温设施。

1. 育苗　3 月初采集采穗圃里 1 年生种条,下端剪成斜口,每 50 根捆成 1 捆,用细绳扎住。如不能及时上床催根,必须放在湿沙中贮藏。用 50 毫克/升吲哚丁酸和 50 毫克/升萘乙酸混合溶液,把枸杞插条基部 3～4 厘米放入混合溶液中,浸泡 12 小时,当插条髓心出水后,放置电热苗床上催根。方法是:先在苗床下端铺上 10 厘米厚的麦壳隔热,接着铺一层聚乙烯薄膜保温,在薄膜上铺一层厚 5 厘米的黄土,主要用于平整和压实床面。然后在黄土上按 5 厘米的间距布电热丝,在电热丝上铺厚 5 厘米的细沙保湿保温。电热苗床准备好后,用喷壶把苗床浇透,同时将温度调到 26℃～28℃,让苗床升温。当温度升至 26℃～28℃时,把泡好的插条依次摆好,注意每捆插条之间保持 2～3 厘米的间距。摆完后,在插捆与插条之间撒上细沙,保持插条顶端 3～4 厘米裸露在外面。最后用喷壶在插条上浇水,以便进一步使细沙填充插条与插条之间的空隙。

催根期间苗床周围环境温度保持在 0℃ 以下,防止插条上部由于温度过高而展芽,消耗枝条养分。苗床温度应一直控制在 26℃～28℃,苗床相对湿度保持 70%～75%,每隔 2～3 天给苗床浇 1 次水,约 14 天后插条基部会形成愈伤组织,发生细小乳根时,随即扦插定植。

2. 定植及田间管理　定植前结合整地每 667 米^2 施腐熟有机肥 4 500～5 500 千克,使肥料与园土充分混合,整平地面,浇透水。用 75% 辛硫磷乳油,以 1∶300 拌成毒土,每 667 米^2 用 40～50 千克撒于土壤,可防治地下害虫。用小型旋耕机,耕深 25 厘米左右,使肥土混合均匀。接着按行距 25 厘米起垄,做成垄底宽 25 厘米、上宽 20 厘米、高 10 厘米、南北延长的畦。

在垄上按株距 10 厘米进行扦插定植。扦插时先用直径 2 厘米的枝条,在垄中间插出 3～4 厘米深的小穴,然后每穴插 3～4 根插条,深 8～10 厘米,插完后用手按实,并用喷壶浇透水,使插条与土壤充分接触不留空隙。

棚温白天控制在 28℃～32℃,空气相对湿度保持 70%左右。1 周后幼苗即可长出新芽,3 周后幼苗新梢生长长度可达到 15～20 厘米。这一时期幼苗根系较少,不宜进行采菜。当幼苗新生枝条长度达到 20 厘米以上时进行摘心,促使幼苗根系大量生长,产生分蘖。幼苗生长 40 天后,即可采菜。生长期间每隔 15 天浇 1 次水,每隔 2 个月追 1 次肥,每次每 667 米² 追以氮肥为主的化肥 100～150 千克。每年平茬后,每 667 米² 施腐熟有机肥 5 000～5 500 千克。

3. 温棚管理 春秋季节揭开棚膜口进行通风降温,保证白天温度在 28℃～32℃。夏季由于温度很高,必须在温棚外面覆盖遮阳网,既可控制温度,又可防止枸杞菜生长过快,以保证产品的质量。

普通温棚进入 11 月上旬,必须进行早、晚拉苦和放苦,以保证枸杞菜的正常生长。早拉苦的时间一般为 8 时 30 分,晚放苦时间一般为下午 5 时 30 分。确保白天温度保持在 25℃左右,夜间保持在 10℃以上。

4. 剪枝及管理 温棚栽培枸杞芽菜每年可采摘 40 茬以上,随着枸杞树体的生长,基部枝条粗,木质化程度也加重,对枸杞菜的产量会造成一定的影响。一般每年 7 月份进行 1 次剪枝,方法是从基部平茬,留主干枝 3～5 条,每条枝留 4～5 个叶节。与此同时,每 667 米² 在行间开浅沟施腐熟有机肥 500～1 000 千克,随即浇 1 次大水,4～5 天后再浇 1 次水,浇水后中耕。此后逐渐加强通风,直至撤去薄膜。平茬后 7 天左右长出新梢,20 天即可进行采收。

（六）温室水培枸杞芽营养液配方优选

宁夏大学农学院高艳明等人应用四元二次通用旋转组合设计，采用 DFT 无土栽培，在二代节能日光温室内研究了营养液配方中的硝态氮、磷、钾、钙 4 种营养元素浓度对枸杞芽生长的影响，得到了二者之间的回归方程。结果表明，水培营养液中，氮、磷、钾、钙 4 种元素对其产量影响的顺序为：氮＞钾＞磷＞钙。

4 种营养元素浓度对枸杞芽菜生长的影响为典型的抛物线形，即在一定范围内随营养元素浓度的提高，枸杞芽产量增加；而过高的浓度则造成枸杞芽菜减产。单施 4 种营养元素浓度分别达到氮 7.5 摩/升、磷 0.52 摩/升、钾 3.45 摩/升、钙 2.3 摩/升，枸杞芽菜单株最大产量分别可达到 53.41、52.23、53.01、52.23 克。

供试条件下氮与磷对枸杞芽产生正交互效应。

营养元素配合作用下，营养液 4 个因子硝态氮、磷、钾、钙的浓度分别为 9、0.5、3、2 摩/升时，枸杞芽单株产量达到最高为 51.96克。由于配制营养液的原水中已有 2 摩/升的钙。因此，其硝态氮、磷、钾、钙 4 种元素在营养液中的最佳配方应调整为：9、0.5、3、4 摩/升。

经过田间试验校验证明，基于试验结果的最优组合（硝态氮、磷、钾、钙的浓度分别为 9、0.5、3、4 摩尔/升）不仅显著促进枸杞芽菜的生长发育，而且显著增加枸杞芽菜产量，且改善产品品质。

（七）食用方法

枸杞叶又叫天精草。春天采嫩叶作蔬菜炒食，美其名曰"油炒天精芽"。《红楼梦》贾府的宴席上就有这道菜肴，其味清凉可口。将其嫩茎或嫩叶同海味淡菜同炒墨鱼，风味尤佳。如与羊肉共煮，可除烦益志，补心通气，清热解毒。将幼嫩枝叶加糖、醋炒食或切碎蒸食，或嫩叶烧豆腐，味香可口。亦可作汤料，亦可作很多菜肴的配料,如枸杞肉丝、枸杞炖羊脑、枸杞活鱼、枸杞蛙肉、枸杞鳝鱼等。鲜枸杞苗或干品,沸水浸泡代茶饮,可清热烦解渴。

枸杞苗炒猪心,光滑鲜嫩,油肥甘香,色泽鲜美。做法如下:猪心约 200 克,枸杞苗 100 克,葱花 10 克,料酒 10 毫升,酱油、白糖、精盐、味精、香油、干淀粉各适量。将猪心剖开,去血污,割去脉管,切成薄片,放少许盐,用干淀粉浆匀。枸杞苗洗净。待油烧至八成热,倒入猪心片,推散,待猪心片烧至八成熟时倒出沥油。锅底留余油,倒入枸杞苗,翻炒至半熟,下葱花爆香,加料酒、酱油、白糖、精盐、味精及清汤 50 毫升。烧沸后用淀粉勾芡,加热油翻炒几次,至卤汁包在猪心片上,淋入香油,即可起锅。

四、芽球菊苣生产技术

菊苣又称欧洲菊苣、苞菜、日本苦白菜、荷兰苦白菜、苣荬菜、法国苦苣、水贡、吉康菜、野生苦苣等。为菊科菊苣属 2 年生或多年生草本植物,多以嫩叶、叶球或软化后的芽球供食用,宜生食、凉拌,也可作火锅配菜或炒食。菊苣原产地中海沿岸、中亚和北非,早在古罗马和希腊时期已有栽培,近代在欧美有较多栽培。荷兰等国多以软化后的芽球上市,极受欢迎。近年来,我国随着一些西洋蔬菜的引入,芽球菊苣试种已获得成功。

芽球菊苣是利用其肉质根积累的营养,经软化栽培结出的芽球,呈乳黄色,长 10~15 厘米,中间最粗处 4~6 厘米,单重 50~100 克,外观似白菜心,是一种优质高档的稀特体芽蔬菜。芽球菊苣营养丰富,含有蛋白质、还原糖及钾、钠、钙、镁、铜、维生素 C、铁、β-胡萝卜素、锌、硒、锰等多种营养元素。此外,还含有马栗树皮素、野莴苣苷、小莴苣苦素,还有菊糖、咖啡酸和奎宁酸所形成的苷——绿原酸和苦味质等物质,入口清香脆嫩,略带苦味,有清肝利胆功效。菊苣芽球外观洁白或鹅黄,主要用于生食,切忌高温煮、炒。味道甘苦,脆嫩爽口,风味独特,具有营养保健,清洁无污染,食用安全等特点。可剥叶或整株蘸酱,或作鲜美的沙拉菜,外叶可爆炒。植株的幼嫩叶也可炒食,欧美人还把根佐以鲜酱或蒜泥,口味独特鲜美;也可作火锅配料,或经烤炒磨碎,加工成咖啡代用品或添加剂。

(一)生物学性状

菊苣以宿根越冬,直根系发达。用于软化栽培的芽球菊苣,主根膨大成圆锥形,全部入土,外皮灰白色、光滑、着生两列须根,主根受损后易产生歧根。叶片在营养生长阶段丛生于短茎上,一般呈长倒披针形,有板叶和花叶之分,叶色绿至深绿色,有些品种叶基部和背面叶脉伴有紫红色晕斑,叶面多被茸毛。菊苣通过温光周期后,由顶芽抽生花茎,高 1.5 米。主花枝叶腋抽生侧花枝,各叶节均能簇生小花。花序头状,花冠舌状,青蓝色。雄蕊蓝色、聚药。瘦果,果面有棱,顶端截形。

芽球菊苣为半耐寒性蔬菜。种子在 5℃～30℃ 条件下均可发芽,发芽适温为 18℃～20℃,25℃～30℃ 条件下 4 天出苗,5℃～15℃ 条件下 7～8 天出苗。叶生长期适温为 15℃～19℃,叶球形成期适温为 10℃～15℃,软化栽培适温为 11℃～17℃。温度过低生长缓慢,温度过高芽球松散、纤维化,品质下降。幼苗期对温度的适应范围较广(12℃～25℃),温度过高(40℃)时,幼苗茎部受灼伤而倒苗。冬季气温 −3℃～−5℃ 时,叶色仍为深绿色,根在 −2℃～−3℃ 时,甚至遇短期 −6℃～−7℃ 的低温,不致冻死。室内软化栽培不需要光照,要求黑暗条件,若有光照,芽球变绿,产生纤维,影响品质。菊苣怕涝,需高垄栽培。喜排水良好,土层深厚,富含有机质的沙壤土和壤土,土壤要疏松,土壤中有石块、瓦砾时,易形成杈根。田间栽培每 667 米^2 需纯氮 7.3 千克、有效磷 4.7 千克、钾 16.6 千克,生长期对氮、磷、钾吸收的比例为 2.1∶1∶3.6。

生长期任何时间缺氮都会抑制叶片的分化,使叶数减少;苗期缺磷,叶数少,植株小,产量低;缺钾主要影响叶重,尤其在结球期缺钾,会使叶球显著减产。

(二)类型与品种

菊苣品种较多,有菜用品种、饲用品种和花卉观赏用品种。菜用栽培有叶用型、叶球型、根用型品种,还有需软化结球类型和非软化型的散叶类型。需软化结球类型是耐寒的散叶菊苣,其叶苦味过浓,且质硬不堪食用,经栽培获得直根,秋季挖出直根,经贮藏后进行软化栽培,获得黄白色小叶球方可食用。非软化型的散叶类型是半耐寒的叶用菊苣,叶色有红、绿之分,尤其是红菊苣,天寒时,叶片呈红葡萄酒色,食用时取叶丛的心部,从而使沙拉的色彩更加艳丽,并因其叶基部略有苦味,从而提高了沙拉的档次。

用于软化栽培的芽球菊苣,一般多选用软化后芽球为乳白色或乳黄色的品种,也可选用红色的品种。软化栽培品种有荷兰的科拉德、特利劳夫,英国的艾切利尼莎,日本的沃姆、白河,我国的中囤 1 号等品种。

(三)囤栽菊苣肉质根的培养

应选择地势高燥、排灌良好、土壤疏松、富含有机质、土层深厚的沙壤土或壤土地种植。地整平后起垄,垄距 50～60 厘米、高 15～20 厘米,播单行或双行,一般进行直播。若育苗移栽,必须采用纸筒或塑料钵育苗,3～4 叶展开前定植,否则会因移植伤根而引起肉质根分杈、畸形。为避免未熟抽薹,通常进行秋季栽培,华北地区多在 7 月下旬至 8 月上旬播种。适当早播,生长期长,肉质直根膨大充分,根型大,养分多,软化栽培后形成的芽球商品质量高。但播种过早,莲座叶叶片数多,短缩茎长,囤栽时易长出侧芽,影响主芽球生长;播种过迟,则生长期不足,肉质直根细小,将大幅度降低囤栽用直根的合格率。

选择上年采收的新种子,进行条播或穴播,每 667 米² 播种 150～250 克。垄宽 40～50 厘米,单行;垄宽 65 厘米的,双行。在垄背上划 0.6～1 厘米的浅沟,把种子撒入沟内,覆土,踩实。采用穴播可节约用种,但在开穴时必须按规定的定苗株距进行,挖穴切勿太深,一般 1～1.5 厘米即可,每穴播种子 4～5 粒,覆土,踩实。播完后应立即浇水。菊苣苗 2～3 片真叶时间苗,5～6 片真叶时定苗,行距 40～50 厘米,株距 20～27 厘米,每 667 米² 留苗 6 000～8 000 株。间苗或定苗后均需中耕除草和及时浇水。

夏秋季栽培的菊苣播种时,正值高温多雨季节,应注意排水防涝。可连续浇水,以降低地温,保持土壤湿润。此后至肉质根迅速膨大前,应视雨量多少等情况适当浇水,前半段以土壤见干见湿为度,后半段则以控水为主,尽量避免因莲座叶疯长而影响肉质根及时进入迅速膨大期。进入肉质直根迅速膨大期后,应加强水分管理,增加浇水量和浇水次数,直至肉质直根充分膨大。华北地区在10 月底或 11 月初停止浇水。

菊苣定苗以后簇生叶很快呈莲座状,植株进入叶生长盛期,应进行 1 次追肥,方法是:在行间开深沟,每 667 米² 施腐熟饼肥 150～200 千克或腐熟有机肥 1 000～1 500 千克,施肥后浇 1 次大水,水后进行深中耕。此后控制浇水,进行蹲苗,直到肉质直根进入迅速膨大期为止。一般在 11 月上中旬,外界最低气温降至 −2℃前,收获肉质直根。收刨时可在垄的一侧挖土,将肉质根刨出留叶柄 3～4 厘米长,切去叶丛。收获后可就地将根堆成小堆,用切下的叶片覆盖,以免肉质根失水和霜冻。

选择背阴、高燥地块,挖宽 1～1.2 米、深 1.2～1.5 米,东西延长的土窖,并将挖出的土堆放在窖的南沿,以利遮阴,使窖内温度更趋稳定,窖口用蒲席覆盖。华北地区在 11 月中下旬,土壤上冻前,把肉质根整齐地码放窖内,20～30 厘米为一层,码一层盖一层

5～10 厘米厚的土,一般码 2～3 层。根据天气变化,逐渐加厚覆土或加盖蒲席。最严寒时可盖双层席,入春后再逐渐撤席、撤土,窖温保持在 0℃～2℃、空气相对湿度在 90％,一般可贮藏至翌年 4 月份。贮藏期间应保证肉质根不严重失水、不腐烂、不受冻、不长芽。在贮藏期内,可根据生产和市场需要,随时取出囤栽。为了延长芽球菊苣的生产供应期,可在 3 月上中旬后,将肉质直根用保鲜袋分装,放入纸箱后再置于 0℃～1℃ 的冷库中继续存放。

也可收获后在冷库贮存,入库前将肉质根体温降至 4℃ 以下,然后装入编织袋、塑料袋或筐等容器,随即叠摞在冷库中,温度保持－2℃～0℃(长期贮存)或 0℃～2℃(短期贮存),空气相对湿度保持 90％～95％。贮藏 1 周后检查 1 次,此后每月检查 1 次,如发现有腐烂、脱水、冒芽等异常情况,应酌情进行"倒袋"或"倒筐",贮藏期可长达 1 年。

(四)芽球菊苣栽培管理

芽球菊苣软化栽培也叫囤栽,是利用菊苣肉质根根颈部分的芽,在遮阴条件下培育出乳白色叶球,称芽球。芽球是由叶片层层抱合而成,形状很像小型炮弹,色泽鲜艳,呈鹅黄色或白色,有的品种呈暗紫色。

1. 箱式立体无土软化栽培　据张德纯等(2000)报道,采用无窗式保温、隔热厂房,进行菊苣箱(槽)式立体无土软化栽培已获得成功,对实现软化菊苣的集约化生产,提高生产效率,加速产业化进程,开辟了新的途径。

(1)生产场地　采用无窗式保温、隔热厂房,坐西朝东,面积 20 米² 左右。三七墙砖瓦房,内壁衬垫厚 5 厘米的聚丙烯发泡板材。房(吊顶)高 2.5 米,周墙无窗户,仅在南、北墙分别设 30 厘米×30 厘米自然通风百叶窗。在东墙设强制通风口,安装一台 60.96 厘米排风扇,门户内外设挡光门帘。室内温度保持在 5℃～

20℃(最佳为 8℃～14℃),严寒冬季用水暖加温,炎热夏季采用人工空中喷雾、低温水循环、强制通风、空调等降温措施。室内作业时采用绿色光照明。软化栽培期间室内空气相对湿度保持85%～95%。

为提高生产场地利用率,采用多层栽培架。栽培架由 50 毫米×50 毫米角钢制成,长 180 厘米、宽 60 厘米、高 100 厘米,共分4 层,每层可放置栽培箱 4 个。要求放置平稳,横梁保持水平,角钢表面涂刷防锈漆。栽培箱(槽)选用轻便、不渗水、便于清洗、易于焊接的工业塑料制品,长 60 厘米、宽 40 厘米、高 20 厘米。箱底中部设有用于水循环的溢水管,由管径为 20 毫米的塑料管穿插入人工开挖的底孔,交接处用塑料膜密封粘接防漏。上端管口离箱底高 9 厘米,以保持栽培箱(槽)有 9 厘米深的水层。下端管长5～7 厘米,以便使循环水能依次从上一层箱(槽)溢入下一层箱(槽)。

为了使囤栽时菊苣肉质根之间保持适当间隔距离,避免芽球因郁闭而引发病害,应采用特制扶持网片。网片由防锈铁丝编织,可悬挂在栽培箱内,扶持肉质根不倾倒。网片有 40 毫米、50 毫米、60 毫米见方 3 种规格,以适应不同粗细肉质根分级后使用。

水循环系统,包括进水管、分水管、分水管出口、箱(槽)和溢水管、回水槽池、消毒过滤装置以及水泵等 7 部分组成(图 11)。水循环系统内的管道,均采用 20 毫米塑料管,各个栽培架采取并联循环。为便于作业,也可以 1 个或多个栽培架组成水循环单元,每单元配备 1 个大小相应的水泵。

(2)软化栽培(囤栽)

①肉质直根囤栽前处理　从窖(库)内取出肉质直根,洗净,用利刀斜向由根头部莲座叶柄基部向上,从不同方向削切 3～4 刀,使残留莲座叶柄呈金字塔状。然后,在根头部以下留 13 厘米长,将尾根切去,并在背阴通风处摊晾 4～8 小时,待切削伤口稍愈合后囤栽。

②栽插　将肉质直根按根头部直径＜30 毫米、30～40 毫米、＞40 毫米分成 3 级,分别插入挂有不同规格扶持网片的栽培箱(槽),每箱 70～150 根。栽插时注意不要使肉质根歪斜,务必使根头部保持在一个水平面上,以促进芽球整齐生长。囤栽应按批分期进行,一般于 11 月底开始第一期栽插,产品可在元旦前后供应市场。

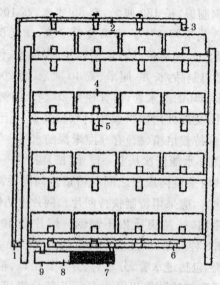

图 11　水循环系统示意图(仿张德纯等)
1. 进水管　2. 分水管　3. 分水管出口　4. 栽培箱　5. 溢水管
6. 回水管　7. 消毒过滤装置　8. 回水槽池　9. 水泵

③栽插后的管理　肉质直根全部栽插完毕后,即向箱(槽)内注水,直到回水槽池满时为止;同时,检查每一栽培箱(槽)水位是否达到预定的 9 厘米深度,整个水循环系统是否畅通。此后每天应定时启动水泵进行水循环 1～2 次,每次 30～60 分钟,直到芽球采收时止。

菊苣芽球形成期,要求稍低温度,温度在 14℃以上时,温度越高生长速度越快,当温度升高至 20℃～25℃时,自栽插至芽球商品成熟只需 15～20 天,但芽球松散不紧实且产量低。菊苣芽球具有较强耐寒性,当温度降至 0℃～1℃时也不致受到寒害,但生长缓慢。温度在 5℃～10℃时自栽插至芽球商品成熟需 60 天以上。芽球菊苣囤栽最适温度应为 8℃～14℃,在此温度条件下芽球商品成熟期为 30～35 天,芽球紧实,质量好,产量高。只有在黑暗条件下,芽球菊苣才能形成乳黄色产品。因此,自菊苣栽插冒芽至芽球采收期间,均应严格进行零光照管理,注意门户、排风扇口的严密遮阴,如需要敞开门户大通风应在夜晚进行。

在较高的空气湿度条件下形成的菊苣芽球,品质脆嫩;而在空气比较干燥时不仅芽球口感变劣,而且生长缓慢。但若空气湿度长期处于饱和状态,尤其在生长后期,又易引起芽球的腐烂。因此,管理上需随时采取地面泼水或强制排风、开启门户大通风等措施进行调节,空气相对湿度控制在 90％左右。

近年来,国外为了减少培土和退土所需的劳动消耗,开始采用不培土软化技术。不培土软化首先需选择适宜的品种,目前国外使用较多的是 200M 系列的杂交种。此外,需用质地较好的基质,如泥炭等。将肉质根栽培在基质中,并装设喷雾装置,保持湿度,然后在遮阴条件下即可成功地进行软化(图 12)。

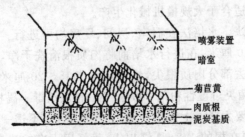

图 12　菊苣不培土软化暗室结构(仿刘高琼)

（3）采收及采收后处理 一般芽球呈乳黄色，长 10～15 厘米时即可采收。采收应及时进行，采收时切割位置切勿过高，否则易使外叶脱落。一般每箱产芽球 25 千克左右，折合每平方米产量104 千克左右。采收后及时剥去有斑痕、破折、烂损的外叶，然后小包装上市。

据生产试验结果估算，建成一个 50 米² 的菊苣箱（槽）式立体无土软化栽培设施，需投资约 25 万元（含设施及当年生产费用），全年按生产 10 个月计，据 1999 年产品最低市场价格，年产值可达18 万元左右，约 1 年半即可收回投资。

2. 民间传统软化栽培 菊苣民间传统软化栽培的场所主要有土窖、塑料大棚和日光温室。也可用高塑料桶、木箱等器具盛装，置于室内或利用山洞或地窖，甚至露地进行。先在日光温室或小暖窖内，南北向挖深 0.5 米、宽 1.2 米、长 5 米左右的栽培池。备好黑色塑料膜、麻袋片或草苫、竹竿、水管等。然后，将菊苣根按粗细分成不同等级。囤栽时间应根据计划上市时间，向前推 35～40 天，如元旦上市，应在 11 月 20 日入池。

囤栽有水培和土培两种方法。土培法设施简单，操作容易，长出的菊苣头比较坚实，但生长期较长，环境因素不易控制。缺点是生产的芽球菊苣不洁净，外观较差，净菜率低；水培法需要一定的设施，操作也比较复杂，但环境条件容易整体控制，生产出的产品洁净美观，更适合于大规模机械化生产。

（1）水培法 水培法在温室、房间、厂房均可进行。栽培池或容器一般深 40 厘米，在进行水培前将肉质根清洗干净，除去根头残留叶柄，切去部分肉质根尖，使根长保持 15～20 厘米。伤口蘸一些 70%硫菌灵可湿性粉剂 800～1 000 倍液消毒。码根时按大、小分开码，不要太紧。上面搭小棚，扣黑膜盖严，不透一点光。加水深度一定要在根的 1/2～1/3 以上，最好用干净的流动水，温度一般控制在 15℃～18℃，每隔 2 小时 1 次，间断供液。经 20～30

天,芽球长 15～16 厘米、粗 6～8 厘米,嫩黄色,洁净紧实,单球重
120～150 克时即可收获。收后用塑料袋包装,每 4～6 个芽球装 1
袋,密封后再装箱,或用黑色或深蓝色塑料薄膜包装好,直接送市
场销售。也可放入冷库,在 1℃～5℃条件下可存放 10～15 天。

　　(2)土培法　土培法是在大棚或日光温室内进行软化培育。
先挖深约 20 厘米的沟作软化床,将晾晒好的肉质根放入沟中,彼
此排紧并竖直,然后培上细土,成高垄状,培成的土垄应高出地平
面约 20 厘米。垄表盖草,草上压波状铁皮或波状石棉瓦之类重
物,使软化后形成的芽球紧实(图 13)。也可按南北方向或东西方
向挖沟,沟宽 1～1.5 米、深 40～50 厘米,沟底整平,铺电热线。电
热线间距 10 厘米,每 10 米² 铺 600 瓦功率电热线。铺好后,线上
覆土 5 厘米厚。将整理后的菊苣肉质根,一个挨一个互相靠紧码
在沟中,根与根之间保留 2～3 厘米距离,用湿沙土将根间间隙填
满。上覆 3～5 厘米厚的细土,然后浇水,使细土和水相互渗透到
根株间,然后再覆 15～20 厘米厚的细土。以后不再浇水,以防湿
度过大。最后在其上面覆盖黑地膜,在温度较低时,加盖草苫或调
节电热线的温度,使其达 12℃～20℃,20～25 天就可以收获。如
温度过低,生长期可延长至 30～40 天。大棚内软化时,在棚内挖
深 40 厘米、宽 70～100 厘米的深沟,将肉质根残留的叶柄用利刀
削成金字塔状,不损伤顶芽生长点,削除肉质根主芽点周围的叶茎
和小芽点,只保留一个主芽点。开沟码埋,一条沟一条沟码埋,肉
质根之间相距 2～3 厘米,埋土深浅以露出根头生长点为度,做到
顶部平齐。栽完后,浇透水。浇水时水管应伸到池子底面,防止水
流冲倒根。浇水后,栽培床面如果不平,应再撒些细土补平,必须
保证土层厚度。然后在栽培床上面架上竹竿,覆盖黑色塑料膜,要
密封不透光线,膜上再盖草苫。为调节湿度,早晨天亮前盖膜,天
黑后揭膜,以降低床内湿度。据龙启炎等人试验,不同材料覆盖对
芽球产量有一定影响:用锯木屑覆盖芽球,球径、球长、小区产量分

别为 6.3 厘米、15.4 厘米、3.9 千克;仅用黑膜覆盖芽球,球径、球长、小区产量分别为 6 厘米、15.1 厘米、3.1 千克;用土覆盖,其球径、球长、小区产量分别为 5.4 厘米、13.8 厘米、2.7 千克。可见用锯木屑覆盖效果最好。

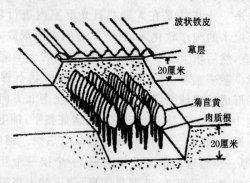

图 13 菊苣软化栽培畦结构(仿刘高琼)

囤栽后对软化菊苣有直接影响的是地温,10~15 厘米地温应保持在 8℃~15℃,温度太高,叶球徒长,结球松散,产量低,具苦味,不脆,应揭开草苫降温;太低时,芽球生长慢,应增加覆盖物保温。冬季大棚和日光温室中土壤水分散失少,一般不需要浇水。土壤湿度过高,易引起芽球腐烂;过低,芽球生长不良。如果土壤偏干,可浇水 1~2 次,但每次浇水量要控制好,不可使根冠部上面的土壤积水。棚或室内的空气相对湿度宜保持在 85%~90%。空气湿度过低,芽球生长缓慢;过高易腐烂,可通过地面喷水或夜间通风加以调节。

棚或室等软化场所,要保持绝对黑暗,否则芽球见光变绿,球叶散开,品质变劣。应经常注意检查,如发现芽球有拱土迹象时,要及时覆土。

中国 1 号品种芽球形成最适温度为 8℃~14℃,在此温度条件下,从肉质根囤栽到芽球商品成熟需 30～35 天。此外,为避免池、床内空气湿度过大引起残留叶柄或芽球外叶腐烂,尤其在覆盖初期及芽球形成后期,应在夜间将黑色地膜揭开进行通风,至第二天早晨日出揭席前再进行覆盖。

囤栽前对囤栽床及其周围进行消毒,每 667 米^2 可用 22% 敌敌畏烟剂 500 克和 30% 百菌清烟剂 250 克,于夜间密闭棚室熏烟,12 小时后通风换气。

3. 采收及采后处理　从囤栽肉质根到芽球达商品成熟需要的时间,即软化栽培期的长短,取决于软化栽培时的温度。温度为 8℃～14℃时,需 30～35 天;15℃～20℃时,需 20～25 天;21℃～25℃时,需 15～20 天;5℃～10℃时,需 60 多天。当有黄色芽梢略伸出覆盖物,芽球呈乳黄色,肉厚紧密,芽球长 12～15 厘米、径粗 6 厘米,单球重约 100 克时即可采收。采收时从沟的一端逐次挖开泥土,用小刀将叶球从根头处割下,切割部位不可过高,以免球叶脱落。生产中应适时采收,若采收过晚,芽球外叶开张,品质下降;采收过早,产量降低。芽球采收后宜及时进行整修,剥去有斑痕、破折或烂损的外叶,然后用塑料袋或塑料盒包装上市。也可用保鲜膜包装,在温度为 0℃、空气相对湿度为 90% 以上的冷库中贮藏。

主芽球采收后,还可继续培养肉质根,不定期地陆续采收小的侧芽,称芽球菊苣仔。侧芽的生长时间比主芽长,侧芽数量多、细长,一般每株肉质根可形成 10～12 个侧芽。

据周丽丽等人试验证明:结球菊苣采后以 0℃贮藏为佳,可较好地降低呼吸强度,保持维生素 C 含量,腐烂损耗也最少,辅以地膜打孔包装或保鲜膜包装,红菊苣可贮藏 1 个月以上,绿菊苣可贮藏 50 天左右。

(五)贮藏方法

春季栽培的菊苣产量较低,肉质根也小,一般播种后 90~100 天,菊苣长至 25~28 片叶、肉质根直径达 3 厘米以上时,选晴天上午采收。采收后在肉质根上保留 3 厘米长的叶柄,切去其余叶片,以利于贮放。秋季栽培的菊苣收获后,一般不需要低温处理,可以直接进行温室软化栽培。收获后切掉叶片,晾晒 1 天,以减少肉质根含水量。一般秋季栽培,冬季当最低温度降至 -2℃ 以前挖出肉质根,挖收时,注意勿使根部受损伤。除去抽薹株,连叶带根,叶朝外,根朝里,就地码成直径为 1 米左右的馒头状小堆,以防肉质根受冻和失水。晾晒 2~3 天后,去除黄叶、老叶,留 2~3 厘米的叶柄,剪去上部叶片。然后,挑选根长 18~20 厘米、茎粗 3~5 厘米的肉质根作软化栽培用。休眠期短的品种,可直接进行软化栽培;休眠期较长的品种,可将入选肉质根整齐码放在土窖或冷库中。如果库藏,应将盛肉质根的容器用硫磺或甲醛熏蒸,对入贮的肉质根用 50% 多菌灵悬浮剂 800 倍液喷雾,晾干后装箱或装袋。贮藏期温度保持 -1℃~2℃,空气相对湿度保持 95%~98%,氧含量保持 2%~3%,二氧化碳含量保持 5%~6%。贮藏初期每隔 3 天掀开薄膜通风 1 次,15 天以后每隔 7~10 天通气 1 次。贮藏 1 个月左右应翻堆检查 1 次。检查时,应轻拿轻放,避免碰伤。准备软化栽培时,将其取出即可。也可挖沟贮藏,贮藏沟应在背阴处,东西向,沟宽 1.2 米、深 1 米。在沟底码 40 厘米厚的肉质根,上面覆盖一层细土,再码 40 厘米肉质根。沿沟向每隔 2 米竖立一草把,沟顶部先用麻袋片或破草苫盖上。或气温下降后先盖一层黄土,气温降至 0℃ 时,加盖草苫。注意经常检查贮藏沟内的温度,使温度控制在 0℃~2℃。在 0℃~5℃ 条件下,可贮存 3~5 个月。温度不宜太高,以保证菊苣肉质根不腐烂、不抽干、不生芽为原则。软化栽培前取出,经 7~10 天打破休眠后,进行软化栽培。有些品种如日本的"沃姆"和"白河",没有明显的休眠期,可以挖起后立即进行软化栽培。

(六)食用方法

芽球菊苣口感脆嫩,微甜,后味稍苦,可炒食、凉拌或做沙拉,以鲜食味最佳。食用时将叶球洗净,用刀顺叶球纵向切开成条状,放入盘内,直接蘸甜面酱食用。也可用酱油、醋、盐、香油、味精搅成汁,直接蘸食叶片。我国居民对苦味较敏感,蘸醋汁食用可减轻苦味,且非常爽口。

1. 奶油菊苣芽　菊苣芽 500 克,猪油 500 克(实耗 50 克),肉汤 100 克,盐 4 克,奶油 100 克,味精 1 克,巴马干酪 50 克,芥菜末 5 克,淀粉适量。炒锅置旺火上,放入熟猪油烧至七成热,将洗净的菊苣芽下锅走油,连油倒入漏匙沥干。熟猪油 25 克烧至六成热,将菊苣芽下锅,加入肉汤、盐,稍煮后再放奶油、味精,勾芡盛盘,加磨碎的巴马干酪、芥菜末即成。

2. 牛肉菊苣汤　菊苣芽 250 克,牛肉 100 克,番茄 50 克,香菜 50 克,油 25 克,葱、姜、酒、味精少量。将菊苣芽洗净、竖切。牛肉、番茄分别洗净、切片。香菜切碎。炒锅置火上,油烧至六成热时,放牛肉片,翻炒几下,放葱、姜、酒,加水煮,牛肉片八成熟时加盐、香菜、番茄、菊苣芽,煮沸调味即成。

3. 菊苣芽咖喱鸡丁　菊苣芽 200 克,鸡丁 150 克,淀粉 50 克,鸡蛋 1 只,油 25 克,酒 5 克,味精 1 克,姜、咖喱粉适量。鸡丁中放入蛋清、酒、盐、淀粉,搅拌均匀。将菊苣芽洗净,沸水焯一下,纵切后再切成 3 厘米长的段。起油锅,油烧至七成热,倒入调好的鸡丁,翻炒后将菊苣芽倒入,调味,将咖喱粉调好放入,拌匀即成。

五、胡萝卜芽球生产技术

利用胡萝卜肉质根培育的菜芽,称胡萝卜芽球。

(一)品种选择

胡萝卜芽球生产以黄皮胡萝卜的产量最高,其次为红皮胡萝卜,紫皮胡萝卜的产量最低。生产中要选择心柱粗、短缩茎粗大的胡萝卜肉质根,这样的根丛生叶多,侧芽多,培育出的芽球也较多。选择的母株,应经过冬贮,要求无冻害,无病虫害,根系完好。

(二)设备消毒处理

生产用的木盆、塑料盆或育苗床均要经过消毒处理,也可用无菌的细沙代作床土。每立方米床土可用 80％代森锌可湿性粉剂 80 克拌匀,密封 3 天再晾晒 2 天,待无药味时装盆或铺到苗床;也可每立方米床土用 40％甲醛 50 倍液 30 千克喷洒,均匀混合,然后堆好拍实,密封 5 天再晾晒 10 天,待无药味时装盆或上苗床。

(三)芽球培育

将消毒的床土装盆或上苗床,厚度应超过胡萝卜的根长,一般 30 厘米。随后将胡萝卜斜栽或垂直栽植,胡萝卜根的顶部与土表平齐。株、行距为 8 厘米×10 厘米。每个育苗盆内可栽 5 株。胡萝卜顶部再培 3 厘米厚的沙,喷透水后及时覆盖塑料膜,温度保持 20℃左右。经 4～5 天即可长出菜芽,这时可揭开塑料膜支起小拱棚进行遮阴培养。如果顶芽生长太快,可切掉顶芽的生长点,促进侧芽生长。这样,胡萝卜肉质根的顶部可长出一丛绿色芽球。当芽球长至 3 厘米时,趁其叶未展开时覆盖 3 厘米厚的细沙,将芽球埋在细沙内。芽球变成黄绿色,并再长出 3 厘米高的绿球,趁芽球未展开时再覆 3 厘米厚的细沙。一般覆 3 次细沙后不再覆沙,使其见光生长,再长出 3～4 厘米高的绿体菜芽时采收。

(四)采　收

将多次覆盖的细沙扒开,露出胡萝卜茎的基部。从茎基部将整个菜芽掰下来即可。也可将胡萝卜从细沙中整体挖出,再掰下菜芽。收获的胡萝卜芽球产品为基部黄绿色,顶部绿色,中间波浪式,有粗有细,高 12～15 厘米的一束芽菜。为保持芽球鲜嫩,应及时包装上市。如果需要保存,可在 1℃～5℃ 条件下保湿贮存 1 周左右。如果在育苗盆或其他容器内生产,可连容器一起上市。

(五)注意事项

在整个生产过程中,水分不可太大,否则易烂根。每次培沙的时机必须适当,趁芽球未展开时覆盖细沙,覆沙后立即喷水。收获要及时,采收太早产量低,采收太晚易纤维化而降低品质。

六、佛手瓜梢(龙须菜)生产技术

佛手瓜为葫芦科佛手瓜属多年生攀缘草本植物,但在温带多作 1 年生栽培。原产于墨西哥及中美洲。我国主要分布在台湾和华南、西南各地,20 世纪 80 年代后开始在山东、河北、辽宁等北方地区种植。过去人们主要是食用果实,近年来广东、广西、福建、云南、台湾等地大量种植采食幼梢。据报道,台湾现有约 530 公顷佛手瓜,其中 500 公顷左右以采食幼梢为主要目的。佛手瓜梢又称龙须菜,矿物质和水解氨基酸含量丰富,每 100 克鲜菜含总氨基酸 1 852.02 毫克。龙须菜可凉拌、炒食或涮食,口感清脆,色泽鲜艳。佛手瓜植株在高温炎夏季节,生长繁茂,又很少有病虫害,因此龙须菜既是一种极好的 8～9 月份蔬菜淡季的补淡菜,又是一种受欢迎的清洁、无污染、食用安全的放心菜。

佛手瓜为须根系,在热带2年生以上植株能长成肥大的块根,块根富含淀粉,也可食用。茎蔓生,主茎长度可达10米以上,分枝性极强,蔓长15～20厘米时便可发生分枝,分枝多,可不断产生新梢。叶掌状,叶芽有卷须。花单性,雌雄异花同株,浅绿色至浅黄色。果实拳头状,具5条纵沟,果面绿色或绿白色,有瘤状突起,肉厚、淡绿色至白色、质致密,单果重300克左右。果内仅1枚种子,扁平卵圆状,果皮为肉质膜状,不易与果肉分离,多以整瓜贮藏越冬留种。佛手瓜喜温、耐热、不耐寒、怕霜冻,生长适温20℃～25℃,10℃以下生长缓慢,35℃以上生长抑制。秋季短日照条件下开花结果。较耐旱,基地应选在空气湿度较大,背风向阳处,对土壤要求不严。生产上多采用长势健旺,茎蔓较粗,分枝性较强,果面绿色的品种,以种子繁殖,整瓜播种。华北地区一般于2月中旬至3月初进行保护地大钵(18厘米×18厘米,或20厘米×20厘米塑料苗钵,或泥瓦盆)育苗,5月初定植露地。也可分株繁殖,清明前后,室外温度25℃时,最好在阴雨天定植。在半年或1年生植株上拔取带根的枝条,摘除部分枝叶,只留2～3片幼叶和2～3个节位栽植。也可扦插繁殖,选截15厘米长的老茎,用ABT生根粉蘸根后扦插,地表留1～2个腋芽,搭小棚保温25℃,遮光培养,7～10天后生根发芽,苗高30厘米时摘心,促使侧蔓腋芽生长。依此反复摘心。从第三级侧蔓起,边采收边促芽生长。在摘心的同时,将长30厘米以上的蔓从茎部留10厘米剪割,将割下的20厘米长的嫩芽,捆把上市。佛手瓜常与其他蔬菜套种,平棚架栽,架高1.5～2米,行距6～7米,株距3～4米;匍匐栽培,1.5米宽畦种2行,株距60～65厘米;也可在5月上中旬套种在温室南端,株距1.5～3米,每间1～2株,揭膜后以温室骨架为棚架。7月下旬至8月初开始采收幼梢,截取长15～20厘米的梢端,捆把上市。佛手瓜梢采收高峰期产量比平常高出1倍以上,但需保鲜贮藏。

方法是采收后用打孔的塑料薄膜袋,每袋装 0.25 千克,在 28℃条件下货架上可放 1～2 天不变质。若经预冷,用冷藏车放 1 周后进入市场,货架期有 1 天时间。因此,生产中长距离运输可采用冷藏车。

七、甘薯嫩茎梢生产技术

甘薯又称红薯、白薯、番薯、红苕,为旋花科甘薯属 1 年生或多年生蔓性草质藤本植物。原产于南美洲,分布很广,北纬 40°以南地区均有种植。我国华东、华北及西南各地为主要产区。近年台湾、广东等地流行以甘薯梢作蔬菜上市,已培育出具有绿、红、黄不同茎叶色的专用品种。甘薯嫩茎梢产品质地细腻,口感柔滑,富含B 族维生素和钾、钙等矿物质元素。营养分析表明,一个成年人每天进食 100 克甘薯嫩梢,可满足生命活动所需 1/4 的维生素 B_2、1/2 的维生素 C 和铁、2 倍的维生素 A;而且甘薯较抗热,很少发生病虫害。甘薯品种间嫩梢产量、食味及营养成分含量都有较大差异。徐州甘薯研究中心根据嫩梢柔嫩度、粗纤维、适口性、颜色、产量和薯块产量等标准,从 1 400 余份品种资源材料中筛选出 4 个嫩梢菜用型品种。

菜用甘薯专用品种地下块根较小,茎蔓生,为黄色、红色或绿色,分枝性强,茎节易发生不定根。单叶,掌状,心脏形或戟形,全缘,浅裂或深裂,黄色、红色或绿色,互生。两性花,花冠合生为筒状,红、浅红或白色。由单生花聚合成聚伞花序。蒴果,有种子1～4 粒,卵圆形,黑色。嫩梢柔嫩,适口性好,色泽鲜艳,无茸毛,腋芽再生力强,植株生长旺盛,嫩梢和薯块都有较高产量。喜温暖环境,耐热,不耐霜冻,生长适温 15℃～30℃,茎叶在 25℃～30℃时生长较快。要求充足的光照,较耐旱,耐贫瘠,对土壤要求不严,但以肥沃、排水良好的沙壤土种植为好。

生产上多采用块根育苗,扦插繁殖。华北地区种苗可在温室中密集囤栽越冬,翌年 5 月份移栽露地,行距 30～40 厘米,株距 20～25 厘米。扦插育苗以 7～8 月份雨季进行为好,截取成熟茎蔓,剪成 15～20 厘米长的扦插条,成活后移植露地。一般在夏秋季 6～9 月份,蔓叶封垄,栽后 1 个月开始采收 6～15 厘米长的嫩梢上市,之后每 2 周可采收 1 次。嫩梢采摘后还可收获小薯块用于下茬育苗。薯块兼用种植,栽培后 50 天开始采摘嫩梢,以后每隔 20 天采摘 1 次,每 667 米^2 可收嫩梢 500 千克左右,收获薯块 2 000 千克左右。甘薯嫩梢的食用方法简单,即将嫩梢洗净用沸水烫 1～2 分钟,控干水后切碎,或凉拌或清炒,或氽汤或做饺子馅。凉拌或清炒时加入蒜末,食味更佳。

八、守宫木芽梢生产技术

守宫木又名泰国枸杞、越南菜、树仔菜、树枸杞、天绿香,为大戟科守宫木属多年生常绿灌木,分布于越南至印度、印度尼西亚、菲律宾等热带地区。我国主要分布于四川、云南等地,近年广东、深圳、香港、台湾、北京等地开始人工栽培。守宫木以嫩芽、幼梢供食,可煲汤、炒食,口感爽脆,富含维生素 C 和锌,并含有多种微量元素。在台湾作为一种减肥蔬菜而受到消费者青睐。但据报道,守宫木中含有一种罂粟碱,超量食用不利于人体健康,因此不能每天连续大量食用。

守宫木根系发达,株高 1～1.5 米,北京日光温室中栽培,高达 3 米多。茎光滑无毛,能分蘖,小枝和幼梢绿色,略有棱角,易生不定根。单叶,披针形,绿色,光滑无毛,两列,互生。花单性,雌雄同株,无花瓣,数朵簇生于叶腋。花器暗红色。蒴果,扁球形,淡黄色。种子三棱形。适应性强,耐高温,自然生长于冬季无霜冻期、年平均温度 21℃～24℃、空气湿度大、年降水量在 1 000 毫米的地区。在高温干旱环境中虽可生长，但叶质变薄，且易老化。在40℃时仍能正常生长，温度低于10℃时生长停滞。耐湿，又较耐旱，根部不耐渍水。对土壤适应性广，较耐干旱和贫瘠，适宜中性或微酸性土壤。pH 值在 5.5～8 范围内均能生长。对光照要求不严格，较耐阴。

可采用播种育苗或扦插育苗，生产上多采用扦插育苗，一般春季扦插育苗。华南地区可周年栽培，华北地区可进行温室越冬栽培。扦插最好用 ABT 生根粉浸泡。扦插后 15～25 天生根。定植行距 45 厘米左右，株距 30～40 厘米。保护地栽培可适当密植。定植后 1 个月左右，可采收长约 20 厘米的芽梢上市。采收后，促使抽生侧芽，并控制在 1 米以内。也可盆栽，在日光温室内进行立体生产。在 10℃～18℃条件下冷藏保存。

守宫木的嫩茎烹饪后，色绿青翠，爽滑脆嫩，野味浓香，口感独特。民间认为常食能养颜保健，并有清热去湿，清肝明目，帮助消化等功能。可汤食，可炒食，也可白灼食，如清炒天绿香，香菇扒天绿香，守宫木炒粉丝虾米，干贝扒守宫木，上汤天绿香，火锅树仔菜等。

九、龙牙楤木芽梢生产技术

龙牙楤木又名刺嫩芽、辽东楤木，为五加科楤木属多年生落叶乔木。主要分布在朝鲜，俄罗斯的西伯利亚，日本以及我国辽宁、吉林、黑龙江等地。以嫩芽、幼梢供食，可凉拌、炒食，具有特殊香味，味美可口，营养价值高，尤其是天冬氨酸、谷氨酸等含量高于蕨菜及主要粮食谷物，可谓山野菜之珍品。

龙牙楤木高 1.6～6 米，小枝淡黄色，有稀疏细刺。羽状复叶，叶长 40～80 厘米，叶轴有刺。小叶卵形至卵状椭圆形，先端渐尖。基部圆形至心脏形，叶缘疏生稀齿，绿色或灰绿色(背面)。由伞形花序聚生为圆锥花序。花白色或淡黄色。果球形、黑色。东北地区在塑料大棚或温室中生产,温室需达 5℃ 以上,最适宜温度为 10℃～35℃。宜选择光照良好,土层深厚,地势高燥,排水良好的地块作育苗和栽培场圃。

人工栽培多采用扦插繁殖。一般截取树势健旺,生枝力强,细刺较少,芽梢鲜艳的 1 年生枝条,4 月份扦插,翌年春土地化冻后定植,每 667 米² 栽 27～34 株,第三年后可酌情剪取插条用于繁殖和生产。种插条长 15 厘米,茎粗 4 毫米以上。扦插行距 50～60 厘米,株距 20 厘米;生产用插条,可在春天顶芽收获后,侧芽萌发前截取,并留约 15 厘米高基干。此后每年留 1 年生枝基部 1～2 个芽。翌年春天,4 月下旬至 5 月下旬,芽梢长至 10～12 厘米、叶片未展开时即可采收。温室生产可在 10 月底至翌年 3 月上旬直接扦插。

十、土人参尖生产技术

土人参又名假人参、台湾野参、土洋参,为马齿苋科土人参属 1 年生草本植物。原产热带美洲、印度、东南亚等地。我国主要分布于长江流域以南各地,近年来北京等地也开始种植。土人参以嫩梢供食,可凉拌、炒食、做汤,也可涮食作火锅配菜。质地细嫩,口感柔滑,营养丰富,尤其富含铁和钙,具有补中益气、润肺生津、滋补强壮之功效。

土人参根肥大,肉质,似人参,褐黄色。株高 30～60 厘米,直立或平卧。叶倒卵形或卵状披针形,较厚,全缘,深绿色,互生。圆锥花序,顶生或侧生,多呈二歧分枝。花小,浅红色,两性。蒴果,近球形。种子小,扁圆球形至肾形,黑色,有光泽,千粒重 0.25～0.3 克。

土人参喜温暖湿润的气候。生长适温 25℃～30℃,耐热,不耐寒,保护地栽培最低气温降至 10℃以下时生长滞缓。对光照敏感,喜光,在半阴凉条件下栽培品质较好。较耐干旱,对土壤要求不高,但以富含有机质,排水良好的沙壤土种植为好。

生产上多采用种子繁殖,但也可扦插或分根繁殖。华北地区种子繁殖于 2～3 月份进行保护地播种,每平方米播种量 0.5 克,4 月中旬终霜后定植,行距 20～25 厘米。也可于 4 月份进行露地直播,平畦开浅沟条播,行距 30 厘米,定苗后株距 10～20 厘米。扦插繁殖可截取长 8～10 厘米茎段扦插,15～20 天成活后定植。也可用 15～20 厘米长的茎段直接扦插于大田。播种或定植后,当植株超过高 20 厘米时,采收嫩梢上市。

十一、蕹菜芽生产技术

蕹菜又叫空心菜、藤藤菜,喜高温多湿,不耐寒冷,不耐弱光。宜选大叶,短秆尖叶菜及白秆黑叶菜品种,如南昌空心菜、泰国藤菜等,用育苗盘进行全年栽培。蕹菜种子的种皮坚硬,千粒重 32～37 克,要选择种皮颜色深、粒大的当年产新种子。先进行淘洗,除去浮籽及杂质,再进行浸种。夏天浸泡 6～10 小时;冬天浸泡 12 小时,或用 55℃热水浸种 25 分钟,再用清水浸泡 20 小时。捞出,用清水淘洗干净,放 25℃～27℃条件下催芽,每隔 6～8 小时用清水淘洗 1 次,露白后即可播种。育苗盘长 60 厘米、宽 25 厘米,将消过毒洗净的育苗盘底铺一层吸水纸,用水淋湿,将露白的种子播入盘中,播后将苗盘 6～8 个叠放整齐,上盖湿麻袋,置 20℃～25℃环境中,每天喷水 2～3 次,2～3 天即可发芽。发芽后,当苗高长至 2～3 厘米时摆盘上架,经 10～12 天后,苗高 8～10 厘米时见光培养。当芽苗绿色或浓绿色,下胚轴青白色,苗高 10～12 厘米,子叶呈"V"形,充分肥大,无烂根,无杂菌时采收包装上市。产量为种子重量的 5～6 倍。蕹菜芽含有丰富的蛋白质、维生素 B_2、氨基酸和钙、铁等,炒食、凉拌,均甚可口。

十二、白菜芽球生产技术

白菜的菜芽也称白菜芽球,是利用白菜作母株,经过处理后定植到苗床或育苗盘中培养出来的。

(一)品种选择

白菜芽球生产宜选择外叶多,抱球不紧,而且中心柱较粗的品种,也可选择散叶型品种。因为这样的品种内外两层叶片之间空隙较大,有利于潜伏芽的发育。母株根系必须保留几厘米,须根要多,无冻害,无病虫害。这样的母株经过冬眠和春化阶段,定植后潜伏的腋芽很快转入生长发育期,并能生长成芽球。

(二)母株定植前的处理

母株在定植前1周要"切菜",方法是:在母株近根部留5厘米的菜帮,向叶梢方向斜削3刀,使留下的植株呈塔形,高10厘米左右。在散射光下晾晒1~2天,促进伤口愈合。

(三)营养土装盆或做育苗床

选择富含有机质、肥沃的园田土,过筛后做床土,装入育苗盆,或在育苗床内铺20厘米厚,作栽培母株之用。

(四)母株定植及管理

将母株根茎全部栽入床土中,株、行距20厘米×20厘米。盆栽时,每盆3~4株,稍镇压后浇温水。根以上的三角塔形,全部用干净潮湿的细沙盖严,菜顶再盖5厘米厚的潮湿细沙堆,然后盖上塑料膜,地温保持20℃,并保持土壤潮湿。

当菜芽拱土时揭掉塑料膜,支小拱棚保温保湿。顶芽拱出沙堆时,及时从基部采下,促使侧枝和下部的腋芽提早发育。

(五)采　收

采收一般分三批进行:第一批是当顶芽拱土时,采收顶芽球。第二批是多数侧芽拱出沙堆后,见光栽培,当侧芽长至 2～3 厘米时采收。第三批是采收最后一茬,剩余侧芽长至 2～3 厘米时采收。

(六)注意问题

在白菜芽球生产中应注意下列问题。①切菜时,应注意保护生长点和腋芽。可在菜帮上 12～13 厘米处横向切断,找准顶芽位置后再切 3 刀,使其呈塔形。②栽根后必须用温水浇透,菜帮部分盖的细沙必须潮湿。但水分不可太大,以防腐烂。③在芽球充分长大,未散开时适时采收。

十三、落葵嫩茎叶生产技术

选红梗落葵或青梗落葵、广叶落葵和白花落葵等品种。选择肥沃的土壤,每 667 米² 施腐熟有机肥 2 000 千克,深翻后做 1 米宽的畦,浇足底水,覆盖地膜。采用新种子,清水淘洗干净后播种。出苗后选粗壮无病的主枝或侧枝,截成 15 厘米左右的插条,每条插条上留 3 个节,顶芽上留 1 厘米平切,底芽第三节下留 0.5 厘米向下 30°角斜切。用 ABT 1 号生根粉蘸一下,按 45°角直接插入苗床。插后顶端覆盖细沙土 2 厘米厚,镇压后浇透水,支小拱棚遮阴培养。温度保持 28℃,7～10 天扎根发芽后逐渐降温,增加光照。生长期间温度保持 22℃～23℃,空气相对湿度保持 80%,每天浇水 1～2 次。幼苗 6 叶期追肥 1 次,以后每采收 1 次,追肥 1 次,每次每 667 米² 随水追施尿素 10 千克、三元复合肥 10 千克。落葵分枝性强,茎叶生长快,要不断摘叶、摘心,促进新芽生长。采收时只留基部的 3 节,以促进腋芽生长,每隔 7～10 天采收 1 次。

第四章　软化栽培新技术

一、韭黄栽培技术

植物的绿色是由于叶绿素的存在,而叶绿素在光合作用下才能形成,所以韭黄生产必须在暗处进行。一般多用保护地栽培,可在遮阴的棚室里或地窖里进行,也可在直播的育苗畦里或定植田内就地软化栽培。韭黄栽培必须选用1~2年生或2年生以上,茎粗蘖多,无病虫害的韭根,一般可连续收获3刀韭黄。软化栽培的床土,一般是园田土或细沙土,而且栽培床应高于地面,不可积水。

韭黄的栽培方式各地不同,浙江省等地用沙土或淤泥进行盖韭软化,广州市郊区用瓦筒盖韭软化,四川省则用沙土和稻草盖韭软化,其中尤以成都郊区的草棚软化最有名。

(一)囤韭软化栽培

韭根必须经休眠。入冬后韭菜叶片枯黄,叶鞘枯萎时,清除地表干枯的叶片和叶鞘,然后浅中耕,平整畦面,促进韭根加快休眠。休眠后要尽快打破休眠期,使韭根转入正常生长。如果准备在生产田里就地软化,应在冬前浇越冬水,进行地表覆盖越冬,以备春季铺沙盖土或盖草;如果在棚室或地窖等保护地里进行软化栽培,则应缩短韭根的休眠期,在入冬前将韭根挖出来,在露地堆贮2周左右,以促其度过休眠期。堆贮方法:韭根堆上盖一层枯黄韭叶,再覆盖5厘米厚的园田土,将韭根的温度控制在1℃~3℃,堆内湿度不能太大,以防烂根。定植前3~4天,将韭根运到室内,在气温10℃左右的环境中促进韭根解冻。每天上下翻动2次,防止烂根,尽快化解冻土。2 天后再放在 20℃条件下存放 2 天,同样上下翻动,促使发芽均匀一致。选平坦地块,用砖砌成栽培床,床内铺15 厘米厚的园田土或细沙土,做成高出地面的高畦,畦宽 1 米,最后扣上地膜烤地。当床土温度稳定在 15℃以上时,即可定植韭根:将韭根一把挨一把地垂直栽植到苗床里,栽得越紧密越好。栽后立即浇温水,浇透,然后支小拱棚,在温度为 25℃、床面潮湿条件下进行遮光培养,促进发芽。发芽后温度可降至 18℃～20℃,空气相对湿度保持在 90%以上。韭黄的叶尖有水珠,表明不缺水;否则需浇温水。一般经 13～17 天后韭黄长至 25～30 厘米,趁其未倒伏前及时采收:用快刀从基部割下,然后捆把上市。这时韭黄色泽金黄,品质鲜嫩。如果在收获前 2 天适当见散射光,则可收到黄中带绿的韭黄新产品。一般每平方米苗床可产韭黄 10 千克。每茬收完后将韭根的刀口处晾 1～2 天,待伤口愈合后,再进行下茬生产。

(二)培土软化栽培

将处理过的韭根密植于温室的苗床内,行距 30 厘米,穴距 5厘米,每穴植 3～4 株,栽植后浇温水。当株高达 7～8 厘米时向韭根培土 3～4 厘米厚,注意保证培土疏松潮湿。培土后温度保持20℃培养,每茬韭黄需培土 3～4 次,最后一次培土必须严格遮阴培养,再长出的叶在无光条件下即成为黄化的韭叶。最后一次培土后,韭叶又长出 10 厘米左右,趁色泽金黄,幼嫩且未倒伏时收割。收割时先将韭黄轻轻扶向垄的左侧,然后扒开垄畦右侧的培土,露出韭白,从韭菜茎的基部割下,其总长度在 25～30 厘米,洗净后稍晾晒,扎把上市。收割完后,将韭根的刀口晾 1～2 天,促进愈合,然后再进行下茬生产。平均每 20 天采收 1 茬,每 667 米^2 每茬产量 1 000 千克左右。

(三)夏季黄韭栽培

韭黄一般在冬春生产,也可夏天在韭菜畦就地培土软化,称黄韭,实质上是夏天生产的韭黄。一般在7月初当韭菜的绿叶长40厘米时,将其向垄行左边压倒,再用6～8厘米厚的土将整株覆盖,并支架用塑料膜覆盖防雨。一般6～8天韭叶黄化即可采收。采收时将培土扒开,然后将黄韭从基部割下,整理后上市。

(四)草棚覆盖韭黄栽培

青韭收割后进行"亮行",将生长点露在日光下,待植株长到需培土高度后培土,炎热夏季,培土高度应在叶片和叶鞘交界处之下3厘米左右;冬季培土,应在交界处之上1～2厘米。培土时,应注意保持土壤疏松通气。第一次培土后,叶鞘长出3～6厘米时,进行第二次培土,培土高度和方法与第一次相同。如果植株长势好还可进行第三次培土。通过3次培土,韭白长至15～20厘米高时,开始盖草棚。

盖草棚前,先割去培土埂上的青韭叶片。割叶片的高度因季节而异,冬季割口可在叶片与叶鞘交界处,或下方1厘米处;春秋季割口在交界处,夏季应在交界处上方1厘米处。割去叶片后,清理田园,然后搭建草棚。

草棚建在每行韭菜之上,先把草棚的畦面整平,即在培土形成的埂两侧边上先铲去3～4厘米的土层,形成一阶梯,以利安放草棚。草棚支架用65～70厘米长的短竹竿,将短竹竿垂直插入韭菜行土埂的阶梯上,每70厘米长在两侧插4根,上端连接绑成"人"字形。在顶上和两侧共用3道竹竿内外夹成3道横梁,成为双层面状。在双层面中央夹入稻草,即成草棚。草棚不能漏光、漏雨,畦沟内不可有积水,以防韭根腐烂。草棚通透性要好,放草棚时要轻,保持棚与地面有一定空隙,以利通风。草棚两端用草堵塞,防止阳光射入(图 14)。

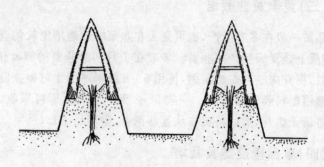

图 14　草棚覆盖韭黄栽培示意

覆盖草棚后,在春秋季约经 20 天可收割第一刀,夏季经 12～14 天可收割第一刀,冬季约经 40 天可收割第一刀。收割时,揭开草棚,挖开畦埂一边的土壤,露出软化的白茎秆,再把韭黄植株拨向未铲土的一边,用刀由鳞茎上 0.5～1 厘米处整齐收割。割了韭黄的韭菜,下一茬最好不要连续软化,应栽培一茬青韭,以恢复生长势。收获后的韭黄勿用水洗,以免腐烂。

(五)瓦筒盖韭黄栽培

瓦筒盖韭又叫瓦盆盖韭、瓦罐盖韭。夏季高温多雨季节,以及江南多雨地区,不适用秸秆、土等覆盖进行黄化栽培,否则极易引起腐烂。广东、福建、上海、陕西汉中、河南开封等地多利用瓦筒覆盖栽培韭黄。瓦筒盖韭在多雨地区可终年利用,北方夏季利用,基本实现了韭黄的周年生产、四季供应。

瓦筒高 33 厘米,上口直径 17 厘米,下口直径 11 厘米,为盆状圆筒。圆筒没有固定的盆底,可临时用瓦片覆盖。一般采用 3 年生韭菜,夏天扣瓦筒的,从当年早春韭菜萌发后就在行间中耕,同时将株间剔出的土放到行间,使株间呈线沟状,这样可使叶鞘基部充分得到阳光照射,根株更健壮。3月份至4月初,追施人粪干,并培土2厘米厚。4月中下旬至5月初停止浇水,进行蹲苗,促使养分向鳞茎、根部积累,直到扣筒前1～2天才浇水1次。北方扣筒1年共2次,第一次是5月上旬,第二次是8月上旬。1年扣2次,中间有100天的恢复时间,这样可延长韭菜的寿命,提高产量。

扣筒应在早晨进行。先把韭菜在地面上1厘米处割断,随即用瓦筒扣严,筒下面用土密封,上面用瓦片盖严,防止透光。瓦筒扣好后不可随便移动。如果空气湿度高,则只能在韭菜萌动后的晴天早上或傍晚,揭开筒上的瓦片,进行片刻通风换气。韭黄生长期间,如果土壤湿度太大,应及时排水防涝,防止腐烂。如外界气温过高,可用草席或泥土盖在筒外,遮阴降温,防止高温引起腐烂。从盖筒之日起,7～10天即可收割。收割应在下午进行,每667米^{2}可收获700千克韭黄。收后3～4天追肥浇水,进行露地管理。在露地收1次青韭后可进行第二次盖韭栽培。

(六)固定盖草黄化栽培

我国甘肃省兰州等地多用此法。用于固定盖草栽培的韭根一般为3年生根株。春秋季进行壮根养根管理。立冬后韭叶枯萎,将枯叶割下,放在畦面上,并覆盖一层豆叶,厚3～4厘米。然后浇1次水,浇水后在垄、道沟中填满秸秆或树叶,使之与所盖豆叶高度相平。然后盖麦秸厚30～60厘米,麦秸上再盖7～8厘米厚的土。在盖秸厚、保温好的地区,可于12月底开始收割第一刀;反之,在翌年2～3月份收割第一刀。收割后,揭去覆盖物,转入露地栽培。

(七)黑色地膜覆盖韭黄栽培

黑色地膜覆盖栽培所用的保护设施有风障阳畦,日光温室,塑料大、中、小棚,改良阳畦等。在栽培畦上覆盖一层黑色地膜。华北地区一般在 12 月上旬开始栽培,翌年 2 月份收获结束。韭根最好用当年生或 2～3 年生,秋季不收割或只收割 1 刀,使韭根在冬季前积累充足的营养。入冬土壤结冻后进行田间清理,扒土晾根。11 月上旬前建好保护设施,11 月底至 12 月初韭菜通过休眠期后覆膜。利用日光温室或塑料大、中、小棚栽培的,棚室覆普通薄膜,在棚室内,栽培畦上搭小拱棚,覆不透光的黑色薄膜。利用风障阳畦、改良阳畦、小棚栽培的,不用普通塑料薄膜,直接扣上一层黑色薄膜,在薄膜上面加盖草苫,以利夜间保温。扣棚后的肥水管理、培土、温度管理等,可参照囤栽技术部分相应内容。覆膜后,气温较高,韭菜生长快,第一刀生长期约 40 天收割,第二刀生长期约 30 天收割,第三刀生长期 25～30 天收割。一般收 3 刀即应结束。有的地方为了恢复韭根生长势,在收完第一刀后,撤除黑色膜,换上透光膜,改为青韭栽培。青韭栽培一刀后,为根茎补充营养。第二刀青韭收后,第三刀继续进行韭黄栽培。韭黄收完后,转入露地栽培,进行养根、壮棵,待翌年入冬继续韭黄栽培。

(八)地窖囤韭黄栽培

地窖囤韭又名挖井囤韭。这种方式是在平地挖浅井,井下扩大成窖,窖中栽培韭黄。由于地下温度稳定,栽培风险小,适用于地下水位较低,土层深厚、坚实的山东省、山西省及河北省南部、河南省北部等地区。

建窖应选择地势较高,地下水位较低,土层黏重、结构紧密,背风向阳处。窖的构造分窖口、窖身、窖底三部分(图 15)。窖口直径 1 米,窖深 80 厘米。窖口以下为窖身,其上连窖口,下连窖底,高 2 米,以管理人员能伸直腰为度。窖底平面圆形,直径 2～4 米,中心留一高 6 厘米、直径 66 厘米的土墩,作管理人员的立足点。在窖底中间留 1 条宽 17 厘米的小埝,作管理人员的通道。

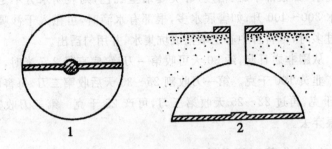

图 15　地　窖
1. 窖底正面　2. 窖底侧面

　　地窖囤韭黄栽培一般利用 1 年生或 2 年生根株,入冬后掘根,运入窖中,囤于窖底,密度应稍松,这是因窖底不易通风,湿度大,根株挤得太紧容易腐烂。一般直径为 3 米的窖底,可囤韭根 300千克,1 公顷大田生产的韭根,可囤 60 个窖。韭根囤满后,在根株上撒细沙,厚 13～15 厘米,覆完沙后浇水,水量应严格掌握,太少影响生长,太多易发生腐烂。囤栽后如果窖底十分潮湿,可见水痕,则无须浇水;如果窖底是沙质土壤,易渗漏,浇水量宜多,以淹没根株上略高 3 厘米为宜;黏土保水力强,浇水宜少,浇水深度以与根株相齐为宜。浇水宜采用从深井汲取的温度较高的水,用河水浇灌易降低温度,延迟收获。囤后封闭窖口,窖内温度保持15℃～18℃,韭菜可生长发育,但速度较慢。如果需要提高窖温,可进行人工加温。加温应在封窖口前用麦秸 1～1.5 千克,放在窖底中心土墩上燃起,等火旺后随即将窖口封闭。因窖内缺氧,火焰自行熄灭,可提高窖温。

　　囤栽完毕后先用木板将窖口盖严,上面再覆盖 60～70 厘米厚细土。如果窖温较高,可适当留一小孔通风,温度降低后再封严。

韭菜入窖后 8～10 天检查 1 次水分,如根部湿润,叶色鲜艳,则不必浇水;如根部干燥、枯瘦、叶尖萎缩呈红色,则表明水分不足,应浇水 300～400 升;如窖底水多,根部有水滴时,可撒入干沙吸水。水过多时,可将窖中心土墩挖成坑集水,并用勺舀出。

从囤韭之日起,约 30 天可收第一刀,窖底直径 2.7 米时,每窖可产韭黄 100 千克。第一刀收割 25～30 天后收第二刀,每窖可产 50 千克,再过 22～25 天收第三刀,可产 25 千克。第三刀收完后韭根弃去。

(九)韭黄工厂化生产

为了能四季迅速、连续不断地大量生产韭黄等软化蔬菜,日本及我国台湾等地采用了工厂化生产技术。工厂化生产,由于生产空间利用率高,种植密度大,加上环境条件适宜,生长迅速,所以产量很高。在生产中多采用排开播种的方法,产品基本实现了周年供应。工厂化生产的场地一般在日光温室、塑料大棚、大仓库、宽敞的房屋等设施,设施外层必须用不透光覆盖物笼罩。日光温室、塑料大棚可外用黑色塑料薄膜,内加不透光无纺布保温。仓库、房屋的门窗均用不透光门帘挡光。栽培环境需要保持一定的温度,为保证冬季正常连续生产,设施内应设暖风炉、暖气、电加温等加温设施,夏季应有电力通风装置。设施中应有自动喷灌设施及栽培架,架间留人行道。架上排放 4～5 层栽培箱,箱底有孔,可以排水。栽培箱内放 10～15 厘米厚的泥炭或蛭石、珍珠岩等轻质基质。韭菜种株培养均在露地进行。种株定植在栽培箱内,定植后浇水,并把栽培箱放在栽培架上。定植后设施内立即遮光,温度白天保持 20℃左右、夜间 15℃左右,每 3～5 天浇 1 次水。出苗后 10～15 天浇 1 次营养液,营养液为 0.2%～0.3%多元复合肥溶液,或 0.3%尿素溶液。定植后 20～30 天即可陆续收获上市。

二、蒜黄栽培技术

蒜黄是一种浅黄至金黄色，具有特殊香味的鲜嫩蔬菜，在冬春淡季及新春佳节供应市场。蒜黄生长期短，从栽培至收获仅20余天，可根据需要适时栽培。

(一)品种选择

蒜黄生产需要遮光，植株不进行光合作用，生长所需营养主要来自蒜种储藏的养分。所以，应选大瓣品种栽培，并要求发芽快，生长迅速。

(二)场地和土壤准备

蒜黄可以在空屋、地窖或地下室内栽培，也可利用温室空当时间栽培。栽培池一般深60厘米左右、宽不超过2米，长依栽培场和栽培量而定。

栽培池内的栽培土宜用沙土或沙壤土。池底要平，铺栽培土厚6厘米左右，耙平后栽培。

(三)栽培时期

蒜黄生产季节长，如在地下室栽培，可从立秋前后开始，直到翌年春分，可连续不断生产。每20天左右收获1茬，栽培1次可以连续收获多茬。

(四)播　种

播前选择无病无伤蒜头，用清水浸泡18～24小时，使之吸足水分。然后将蒜头掰两半，去掉坚硬茎盘，一个挨一个将蒜头排在栽培池内，空隙处用散蒜瓣填满塞实，用木板压平，上覆一层细沙土。下种后浇水,用塑料管顺池边浇,水量以淹没蒜头为度。灌水后再 1 次用沙土盖住蒜头,两次覆土厚度约 1.5 厘米。

(五)栽培管理

包括光、温、水等管理。在地上栽培的,蒜苗大部分出土时要盖草苫遮光,这是长出蒜黄的保证。如果遮光不严,则叶和叶鞘变绿,品质下降。地下栽培的,则有自然黑暗条件。蒜黄生长期间的适宜温度:出土前白天气温 25℃,夜间气温 18℃～20℃,地温 18℃;出土至苗高 24～27 厘米,白天气温 20℃～22℃,夜间气温 16℃～18℃,地温 16℃;苗高 27～33 厘米,白天气温 14℃～16℃,夜间气温 14℃～16℃,地温 14℃;收获前 4～5 天,白天气温 10℃～15℃,夜间气温 10℃～15℃,地温 12℃。温度过高生长快,植株容易倒伏,蒜种易腐烂。生长期温度一般以 18℃～22℃ 为好。水分管理以经常保持蒜池湿润为原则,具体浇水次数依环境湿度、通风条件、温度等而定。一般收获前 3～4 天停止浇水。

(六)收 获

蒜黄收获时间没有严格要求,可以在植株高度达 20～30 厘米时收获,这样从播种到收获约需 10 天,以后每隔 7～10 天收 1 次。也可以在植株高达 35～45 厘米时收获第一刀,从播种起需 20～25 天。以后每隔 20 天左右收获 1 刀,一般可收 3 刀。第三刀采收时连蒜瓣拔起。

收获时要割齐,割茬不要太低,以免伤及蒜瓣。每次收后要浇水,并用细沙填补缝隙。收割的蒜黄要整齐扎捆,每捆重 0.5～1 千克,把蒜黄捆放在阳光下晒一下,使蒜叶由白色变黄色再转为金黄色,称为"晒黄"。"晒黄"时间要根据阳光强弱及气温而定,晒时翻动蒜黄捆几次,以晒黄为准。然后装筐上市销售,销售期间注意保湿和适当遮光。

三、蒲公英嫩芽生产及软化技术

蒲公英为菊科蒲公英属多年生草本植物,别名婆婆丁、黄花地丁、尿床草、奶汁草、黄花苗、蒲公草、黄花三七等(图16)。我国东北、华北、西北、西南、华中等地均有野生种。长期以来一直是人们普遍食用的野菜。近年来,随着对蒲公英医疗保健功能的深入研究,蒲公英被视为药食两用、营养全面的"绿色食品"和"营养保健品",成为美味佳肴,常以芽菜的形式出现在大众餐桌上。

蒲公英全草含蒲公英甾醇、胆碱、菊糖、果胶等物质及维生素、胡萝卜素和各种微量元素;至少含有17种氨基酸,其中7种为人体必需的氨基酸;还富含对人体有很强生理活化的物质硒元素。嫩叶质脆、味清香、微甘苦,是一种很有开发利用价值的医疗保健型蔬菜。同时,还是制作饮料罐头、保健茶和化妆品的良好原料。

图16 蒲公英

据《本草纲目》记载,蒲公英性平味甘微苦,有清热解毒、消肿散结及催乳作用,对治疗乳腺炎十分有效;还有利尿、缓泻、退黄疸、消炎利胆等功效。"蒲公英嫩苗可食,生食治感染性疾病尤佳。"主治上呼吸道感染、眼结膜炎、流行性腮腺炎、乳肿痛、胃炎、痢疾、肝炎、急性阑尾炎、泌尿系统感染、盆腔炎、痈疖疔疮、咽炎、急性扁桃体炎、急性支气管炎、感冒发烧等症。据美国研究,蒲公英是天然利尿剂和助消化圣品,除含有丰富的矿物质,还能预防缺铁性贫血;蒲公英中的钾和钠共同调节人体内水、盐平衡,使心率正常;还含有丰富的蛋黄素,可预防肝硬化,增强肝、胆功能。加拿大将蒲公英正式注册为利尿、解水肿的中药。

(一)生物学特性

蒲公英株高 45～60 厘米。主根生长迅速、粗壮,入土深达1～3 米。叶面肥大,狭倒披针形,全缘。头状花序,总苞宽钟状,绿色。种子千粒重 0.68 克。蒲公英既耐寒又耐热,可耐－30℃低温,适宜生长温度为 10℃～25℃。同时,也耐旱、耐酸碱、抗湿、耐阴。早春地温 1℃～2℃时可萌发,种子发芽适温为 15℃～25℃,30℃以上发芽缓慢,叶生长适温为 20℃～22℃。可在各种类型的土壤上生长,但最适在肥沃、湿润、疏松、有机质含量高的土壤栽培。蒲公英属短日照植物,高温短日照条件下有利于抽薹开花。较耐阴,但光照条件好,有利于茎叶生长。一般从播种至出苗需6～10 天,出苗至团棵需 20～25 天,团棵至开花需 60 天左右。条件好时可多次开花,开花至结果需 5～6 天,结果至种子成熟需10～15 天。多在 3～5 月份开花结实,4～5 月份种子成熟。每株平均结果 800 粒,种子自然萌发率 10%～20%。种子休眠 1 周后萌发,当年长出 5～7 片叶,越冬后再萌发、抽薹、开花、结实。

(二)栽培品种

蒲公英是复合种,不同种类植株叶片的大小及形状变化很大,在我国约有 22 个品种,3 个变种,多为野生状态。近年来已从蒲公英野生群体中系统选育而成的大型多倍体蒲公英新品种,在我国西南和西北地区栽培较多。另外,法国圆叶蒲公英,在我国已有部分地区引进栽培。该品种品质优良,适合人工栽培,叶多叶厚,产量较高,每株有上百片叶,上百个花蕾,每 667 米^2 年产鲜叶 3 500～5 000 千克、采摘种子 50～60 千克,产量是野生蒲公英品种的 8～10 倍。

最近由山西农业大学赵晓明教授选育的铭贤一号蒲公英,叶狭倒披针形,边缘有倒向羽状缺裂,长 20～65 厘米,最长可达 80 厘米以上,宽 50～100 毫米。头状花序,直径 25～40 毫米。总苞宽钟状,长 13～25 毫米、绿色。舌状花,亮黄色;花莛可达百余枝、高 20～70 厘米;瘦果浅黄褐色、长 3～4 毫米。喙长 7～12 厘米,冠毛白色,种子千粒重 0.68 克;花期始于 4 月上旬,5 月上旬进入盛果期,盛果期延续 15 天左右,全年均有零星开花,9～10 月份有一次较集中的果期。

(三)栽培方式

蒲公英栽培方式有育苗移栽法、母根移栽法、种子直播法。

1. 育苗移栽法　选择土质疏松、排灌方便的地块做育苗床,9～12 月份育苗。深翻 25 厘米,使肥料与土壤混匀,畦宽 1～1.2 米,埂宽 0.3 米,成畦后搂平,然后浇水,水落后播种。育苗期要求温度控制在 20℃左右,育苗床要保持湿润。幼苗期注意及时拔除杂草和间苗,苗距保持 3～4 厘米。当苗长至 10～15 厘米高时挖出,按大小分级,叶片剪掉 3/4 的长度,将苗垂直栽植,要求土不埋心,行距 15 厘米,株距 10 厘米。栽后浇水 1～2 次。

2. 母根移栽法　在土地将封冻时进行,将生长于大田的母根挖出,按 25 厘米×25 厘米株、行距栽植于大棚内,每 667 米² 栽 10 000 株左右,栽后 1 个月可采割叶片。

3. 种子直播法　该法生产周期短,见效快,蒲公英产品质量较好。现在多采用这种繁殖方法。播种后 70 天即可采收上市。因此,北方地区大棚栽培一般在 8～10 月份播种。

(四)体芽菜生产

蒲公英体芽菜是利用蒲公英肉质根,在适宜的条件下直接栽培而成的芽苗菜。

1. 采种　5 月下旬至 6 月上旬采集种子,将花托变黄的花序剪下,放室内后熟 1 天,待花序全部散开,再阴干 1～2 天,用手搓掉冠毛,晒干备用。因蒲公英的植株生长年限越长产量越高,所以留种采种,最好有固定的种子圃地。

2. 肉质直根的培育　地温达 10℃ 以上时播种。一般播前 2～3 天,浇足底墒水。水渗后均匀播种,条播、撒播均可。蒲公英种子小,播种时要拌沙。播完后浇水,浇水采取喷淋方式,喷头向上,呈牛毛细雨状均匀下落。往返喷洒,畦面水量不要太多,以免造成种子漂移。浇水 3 天后畦面撒过筛的细土 0.3 厘米厚,再喷洒少量水。苗出土前不能浇大水。温度保持 15℃～30℃,从播种至出苗约需 10 天。苗出齐后去掉薄膜,及时浇水和中耕除草。幼苗 2～3 片真叶、5～6 片真叶和 7～9 片真叶期分别间苗,间下的幼苗可以上市,最后 1 次间苗按株距 15 厘米,行距 25 厘米定苗。定苗后一般需及时浇水追肥。

出苗后因秋季大棚内温度高,要大量通风。通常把大棚向阳面的塑料膜全部吊起来。幼苗 1 叶 1 心时第一次追肥,3 叶 1 心时第二次施肥,追施磷酸二铵与尿素按 3∶1 混合肥,每次每 100 米² 追施 2.5 千克。施肥后浇水。浇水用喷壶,浇透为止。

大棚种植大叶蒲公英主要是为了春节上市,管理上主要是促使肉质根粗壮,积蓄营养,保证冬季上市时叶片大而鲜嫩。因此,夏秋季节一般不采割,为翌年优质高产奠定基础。10月下旬把蒲公英叶片全部割掉,确保肉质根贮藏营养、积蓄能量,为冬季收获品质好的蒲公英体芽菜打下基础。

3. 体芽菜生产 为了赶在春节期间收获体芽菜上市,应在距春节前50～60天开始给大棚加温。一般200米² 大棚用2个炉子,有条件的地方可以用暖气取暖,并早、晚盖草苫保温。

大棚蒲公英盖膜时间在土壤结冻后,盖膜前10天,结合浇水,每667米² 施尿素20千克,并将萎蔫叶片割掉,可用作优质饲料添加剂或中药材。盖膜后的1～10天为解冻萌芽期,表土5厘米地温达1℃～2℃时,开始萌发长出新芽。清明节前新芽露出地面。此时土里的"白芽"部分长度有3～4厘米,将温度控制在20℃～35℃,以萌发大量叶芽。盖膜后的10～25天为叶片迅速生长期,温度控制在15℃～30℃,光线不要太强,尽量降低湿度。此期间叶片长可达30厘米以上,单株可采割叶片200～300克,大株可超过600克。为延长采收期,可通过遮阴、通风,降低棚内温湿度,室内温度应降至10℃～15℃,同时适当降低地温,以防植株徒长。在间苗时要拔出畦中杂草。

秋延后栽培可采用大、中、小塑料棚或风障阳畦等,在秋季早霜前20天建好并扣上薄膜,7月份至8月上中旬播种或育苗,秋季定植,秋末冬初在保护地设施内继续生长,延迟至11～12月份上市。

越冬栽培可选择保温性能良好的日光温室,早霜来临前10～20天扣好薄膜,7月份至8月中下旬露地播种,播后加设小拱棚,上覆草苫,9月份后撤去覆盖物。9月下旬至10月上中旬定植。采挖时选叶片肥大、根系粗壮的主根作母根,开沟定植,行距20厘米,株距10厘米,将母根在沟内沿沟壁向前倾斜摆放,或稍用力向定植沟底下揿,覆土盖住根头 1.5～2 厘米。入冬后室温保持 10℃以上,即可正常生长,植株长至 10～15 厘米时用手掰或刀割收获叶片,收获时应注意保护生长点。为了降低苦味,生长期间也可进行 4～5 次沙培直至植株高达 25～30 厘米时整株采收。

夏季高温多雨季节栽培,为防止大雨拍苗、病害严重、日照过强等问题,可采取遮雨栽培。遮雨栽培可利用棚室骨架,顶部覆盖薄膜和遮阳网。管理技术与露地基本相同,只是应加大通风面积,采用黑色薄膜覆盖,以增强降温效果。棚四周应挖排水沟,严防积水浸入棚内。

(五)软化栽培

为了增强可食性,常对大叶蒲公英进行软化栽培。方法是在蒲公英萌芽后,进行沙培,待叶片露出地面 1 厘米后,再次进行沙培,依次进行 4～5 次,每次培 1 厘米厚的细沙。于叶片长出沙面 8～10 厘米时,连根挖出,洗净,去掉须根,即可上市。通过软化栽培的蒲公英,苦味降低,纤维减少,脆嫩质优。

(六)立体栽培

为使蒲公英能全年供应市场,北方地区可采用日光温室、大棚进行蒲公英反季节立体栽培。用角钢焊架,尺寸要根据棚室具体情况而定,靠北墙、东西走向焊斜面架,可充分利用光照;也可焊成移动的小铁架,长、宽尺寸应稍大于托盘尺寸,便于摆放。可设计摆放 3～4 层。托盘长、宽各 100 厘米,高 20 厘米,以木质材料、可移动为好。

7 月份将托盘放光照充足处,装入基质。基质用高腐熟的秸秆肥与土 1∶1 混合均匀,装盘搂平压实,将采集的新蒲公英种子撒播在托盘表面,每盘(1 米²)播种量控制在 2 克左右。播后覆土 0.5 厘米厚,稍压实后喷透水,保持湿润,1 周后出苗。出苗后注意清除杂草,苗过密的要疏苗,株间保持 2～3 厘米。要经常淋施些沼气池的沼液肥,加强管理,培育壮苗。

9 月 15 日以后将托盘移入棚室内,要经常进行松土除草,喷施叶面肥,淋浇沼液肥、油渣液体肥等,也可将少量磷酸二铵或三元复合肥溶水后浇入托盘,以保证蒲公英旺盛生长。棚室内北半部架式立体生产蒲公英,南半部可生产其他蔬菜。立冬后可采收蒲公英上市。

(七)黄化绿化交替栽培

山西农业大学生命科学院乔永刚、宋芸进行了蒲公英黄化绿化交替栽培试验。蒲公英播种后翌年 3 月下旬出苗,4 月初苗高达 20 厘米时,可割掉一茬供应市场,茬口距地面 3～5 厘米。刈割后第二天,每个畦搭小拱棚架,架的高度应以拱棚距最靠畦垄的 1 行蒲公英 35 厘米以上,并用黑色塑料薄膜覆盖。覆膜 10 天后蒲公英黄化叶片长 20 厘米以上,长的可达 30 厘米,此时即可收割上市。收割后揭去覆盖物进行绿化栽培。当茬口愈合后及时浇水追肥,20 天后,地上部分长至 20 厘米以上,这时蒲公英叶片纤维含量少,口感较好,可以收获。绿化结束后即完成了蒲公英黄化、绿化交替栽培的周期,可以紧接着进行下一轮的黄化处理。

蒲公英黄化、绿化交替栽培,具体处理时间可以灵活安排,以保证每天均可供应黄化苗与绿色叶片。当覆盖物内最高气温达 40℃以上时,不宜再用塑料膜作覆盖材料,可改用透气的覆盖物,如多层遮阳网等。用此方法每年可进行黄化、绿化交替栽培 3～5 轮,最后一轮结束后可掰取幼嫩叶片上市,不宜再刈割全株。如果是保护地栽培可增加轮作次数,周年生产,但同时也应增加绿化处理的时间,以保证根部积累有足够量的养分。

收割应选晴天的早晨,以利于伤口的愈合。收割后按长度进行分级,去掉损烂叶片,包装上市。蒲公英黄化苗为乳黄色,色泽鲜亮,纤维含量低,口感极佳。

(八)苗钵冻贮温室栽培

黑龙江省大庆市让胡路区喇嘛镇农业中心刘春发等人经多年试验,总结出蒲公英苗钵冻贮温室栽培技术:6月中旬至7月下旬播种,先在畦内开沟,深1.5厘米,在沟内撒种。播后10天出苗,3片真叶时间苗,每平方米留苗1 500株左右。苗高4~5厘米时分苗于8厘米×8厘米的营养钵内,每钵1~2株,封冻前浇透水,封冻后将植株干枯的叶片剪去,码放在房后或太阳晒不到的地方冻藏。根据需要提前30天将冻藏的蒲公英移入温室,放在地面上。也可在温室后边搭两层架,在架上生产,第一层架高1.9米、宽2米,紧靠后墙;第二层架高0.9米、宽1米,距后墙0.5米(图17)。蒲公英进入温室解冻后要及时浇水。返青后结合浇水追肥,先用喷壶喷300倍液尿素,随后喷清水。当蒲公英长至10~12厘米,显花蕾时可采收。采收时带老叶老根割下,捆成小把上市。每个营养钵可产18~20克,每平方米可产4千克以上。如果温室温度保持在10℃~25℃,一栋333米^{2}的温室,1个冬季可生产5茬,产量在10 000千克以上。

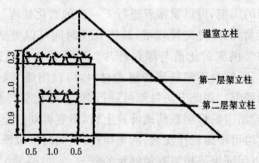

图17 蒲公英温室搭架栽培示意图 (单位:米)

(九)采收与加工

蒲公英播种当年一般不采叶,以促进繁茂生长,使翌年早春植株新芽粗壮,品质好,产量高。第一年可采收1次(或不采收),可在幼苗期分批采摘外层大叶,或用刀割取心叶以外的叶片。自第二年春季开始每隔15~20天采收1次,当叶片长10~15厘米时,最迟在现蕾以前,从叶片基部下约3厘米处割断,捆扎上市。

整株割取时,根部受损流出白浆,割后2~3天不宜浇水以免烂根。采收叶片,最好单采叶,不可将生长点割下,一般可收5茬,每667米² 可产嫩叶3 000~4 000千克。采收后抖掉黄叶、小叶,按250克1把扎紧,整齐排放于50厘米×30厘米×20厘米、铺有保鲜膜的泡沫箱内,每箱产品净重5千克,压紧盖严,用胶条封闭,在冬季常温条件下整箱保鲜期可达10天以上。

采收后加强肥水管理,以后可连续采收。作蔬菜使用的嫩苗或嫩叶,可在早春萌动后沙培4~5次,待叶长出沙面5厘米以上时,连根挖出洗净,去掉须根和杈根,捆成0.5千克的小捆上市。供腌渍的蒲公英,采收后整枝成把地放在腌渍池中,加盐。盐的浓度应达到20%以上,腌渍20天后,取出清洗、整理,即可包装出口。

还可加工成蒲公英素,方法是:取蒲公英1千克(干品),拣净杂质、洗净、切碎,置大锅中,加清水10升,煮1.5小时,倒出煮液;再加清水7升,煮1小时,再倒出煮液。两次煮液合并,静置24小时,取上清液,用石灰水处理。生石灰块100~200克,加水浸没,放出热量后再加水,不断搅动,使石灰成乳状。稍停,待石灰小颗粒下沉后,取上层石灰乳慢慢倒入蒲公英煮液中,边倒边搅,当pH值达11~12时,停止加石灰乳,继续搅拌20分钟,煮液中即可析出大量黄绿色沉淀物。再静置24小时,待沉淀物沉到缸底后,抽去上清液,将沉淀物取出过滤,干燥后,得灰绿色块状物。将块状物粉碎,过 80 目筛,即得蒲公英素粉(50~60 克)。可装入胶囊或散剂服用,成年人每次服 0.5~1 克,每日 3 次,可治疗乳腺炎、淋巴腺炎、支气管炎、扁桃体炎、感冒发热等多种疾病。

(十)食用方法

蒲公英主要食用部分为叶、花、花茎、根。挖取嫩幼苗,沸水焯后,冷水冲洗,可炒食、凉拌、做汤。花序也可食用,5~6 月份采摘花序做汤,风味尤佳。

1. 生食与凉拌 将蒲公英鲜嫩叶茎洗净,沥干蘸酱生食,略有苦味,清香、爽口。凉拌时,将蒲公英用沸水焯 1~2 分钟,沥出,用凉水冲一下,佐以辣椒油、味精、盐、香油、醋、蒜泥等,也可根据自己口味拌成风味各异的小菜。

2. 炒食或蒸煮食 蒲公英的嫩叶或花茎洗净后即可炒食或煮食,既可素炒,也可加肉、鸡蛋、海鲜炒,还可做汤;若加入肉末,打入鸡蛋花,勾上淀粉,味道更佳。

蒲公英粥:取蒲公英 30 克、粳米 100 克,熬煮成粥,可清热解毒、消肿散结。蒲公英茵陈大枣汤:蒲公英 50 克、茵陈 50 克、大枣 10 枚、白糖 50 克,熬制成汤,是治疗黄疸型肝炎的上等辅疗药物。

为减轻蒲公英的苦味,食用前将其洗净在清水或盐水中煮 5~8 分钟,然后用清水浸泡数小时,用清水冲洗干净后食用。

3. 做馅 将蒲公英嫩茎叶洗净水焯后,稍攥,剁碎,加佐料调成馅,可蒸馒头、蒸窝头或做包子馅、饺子馅等。

4. 腌渍 蒲公英用糖醋浸渍后,十分可口又不失其原有风味,还可保留大量的维生素。蒲公英咸菜:嫩苗去杂洗净,晒至半干,加 20% 食盐和白糖、花椒等佐料,揉搓,搅匀,入坛封藏,10 天后即可食用。

5. 干制 蒲公英经沸水烫煮灭菌后,晒成干菜。有条件的还可微波干燥或真空冷冻干燥,以最大限度地保留其营养成分。

6. 制茶 将嫩叶洗净,放锅中加水淹没,用大火煮沸后盖上锅盖,再用小火熬煮 1 小时,滤后晾凉饮用可防病除疾,促进健康。

(十一)菜肴烹调举例

1. 蒜蓉蒲公英 蒲公英 500 克,蒜蓉适量。蒲公英去杂洗净,入沸水锅焯一下,捞出放凉水中洗净,挤干水分,切碎放盘内,撒上蒜蓉、麻油、味精,拌匀即成。此菜适用于急性乳腺炎、淋巴腺炎、瘰疬、疔疮肿毒、急性结膜炎、急性扁桃体炎、胃炎、肝炎、胆囊炎、尿路感染等病症的治疗。

2. 蒲公英炒肉丝(蒲公英花茎炒肉丝) 此菜用蒲公英鲜叶或花茎均可,花茎的食用效果更佳。取猪肉 100 克,蒲公英鲜叶或花茎 250 克。先将蒲公英去杂洗净,入沸水中焯一下,捞出洗净、沥水、切段。猪肉洗净切丝,料酒、精盐、味精、酱油、葱、姜同时放入碗中拌匀成芡汁。油锅烧热,下肉丝煸炒,加入芡汁炒至肉熟时,投入蒲公英至入味,出锅装盘即成。此菜中蒲公英具有清热解毒、利尿散结的功效,猪肉具有滋阴润燥、补中益气的功效。两者相配,可为人体提供丰富的蛋白质、脂肪、胡萝卜素、维生素。适用于疔毒疮肿、瘰疬、目赤、便血、咳嗽、消渴、胃炎、感冒等症。

3. 蒲公英绿豆汤 蒲公英 100 克,绿豆 50 克,白糖适量。将蒲公英去杂洗净,放汤锅内,加水煎煮,煎好后取滤液,弃去渣。将滤液再放入汤锅内,加入绿豆,煮至熟烂,加入白糖拌匀即成。此汤有清热解毒、利尿消肿的功效。适用于各种炎症、尿路感染、小便不利、大便秘结等病症。

4. 酥炸蒲公英 蒲公英 300 克,米粉 1 杯,鸡蛋 1 个,冷开水 1 碗,菜油、精盐适量。将蒲公英洗净,控水备用。鸡蛋打入容器,加入冷开水搅打,然后倒入米粉搅拌,撒入少许盐拌成稀糊状待用。将沥过水的蒲公英逐条蘸上蛋糊液,即上浆或叫挂粉衣。油锅置中火上,油烧至六成热,投入蒲公英炸至酥香绿色捞出,放漏勺中沥干油后装盘即成。此菜无苦味,香酥可口,风味独特。

四、生姜芽生产技术

生姜又叫姜、黄姜,为姜科姜属多年生草本植物。通常以根茎供食,但幼嫩的姜芽也可供鲜食或加工腌渍,是高级宴席上的精品。采取室内避光,控制温湿度等技术生产生姜芽已获得成功,其生产周期短,设备简单,投资少见效快,一年四季均可生产。生姜因含有姜辣素、姜油酮、姜烯酚和姜醇而具有特殊的香辣味,有健胃、去寒、发汗等保健功效。生姜原产于我国及东南亚等热带地区,我国的山东、河南、湖南、湖北、安徽、江西、四川、广东、台湾等地均有栽培,其中山东等地为著名产区。

生姜为浅根系,有纤维根和肉质根之分。纤维根发生在幼芽基部,肉质根着生于姜母和子姜的茎节上。主要根群分布在20厘米土层范围内。茎有地上茎和地下根茎之分。种姜发芽出苗后,形成地上茎。地上茎直立,高80~100厘米。叶具叶片、叶鞘两部分,叶片披针形、绿色。地上茎为叶鞘所包被,地下茎膨大形成地下根茎,根茎呈块状,黄色茎节上有数目不等的腋芽,萌发后形成姜芽。主茎基部膨大形成"姜母",姜母两侧的腋芽可继续萌发抽生2~4个姜苗,姜苗的基部膨大形成球状"子姜","子姜"又可着生"孙姜"……生姜发芽需经历萌动、破皮、鳞片发生和成芽等过程。

生姜喜温怕寒,不耐霜冻,幼芽在16℃开始萌发,但发芽缓慢。在22℃~25℃条件下生长良好,高于27℃时生长虽快,但易徒长,芽体瘦弱细长。生长要求充足的水分,较耐弱光。

(一)生姜的种类与催芽

生姜可分为疏苗型和密苗型两类。疏苗型生姜植株分枝少,根茎节少而稀,姜块肥大,多为单层排列,如山东莱芜大姜品种等;密苗型植株分枝多,根茎节多而密,姜球数多,常双层或多层排列,如山东片姜品种等。获取姜芽为主要目的的囤植栽培,应选用密苗型品种。

选色正肉厚,潜伏芽眼多,未受冻不干缩,无霉烂,无病虫的小姜块,先将姜种按一个奶头为一块掰开,并立即蘸上一层草木灰,选晴天晾晒 1～2 天后,用 40％甲醛 150 倍液浸泡 4 小时,然后将种姜与干净潮湿的细沙混合堆在一起,盖湿沙后覆盖地膜,在25℃条件下催芽,20 天后播种。

(二)"浇姜"囤栽

1. 场地选择　"浇姜"囤栽宜选择有充足的水源,有水泥地面,可顺利排水,室内能保持弱光、温度 25℃～30℃和空气相对湿度 60％以上的生产环境。一般选择隔热和通风较好的空闲房室。也可在温室北墙外搭荫棚,棚顶能避雨,离地 30 厘米周边围以苇席,地面铺砖,建成临时性生产场地,但必须具备上下水设备。这种临时性"浇姜"棚因设施简易,隔热保温条件差,一般使用时间较短。

2."浇姜"前的准备　人工挑选姜块,剔出破残、霉烂、有病斑和过小的碎姜,按姜块大小分成大、中、小 3 级,再分别装入塑料箱筐、荆条筐或竹筐中。无论采用何种容器,均要求有良好的透水性,尤其是容器底部不能积水。装筐时先在底部和周围垫少量稻草,再将姜块竖立着一块码入,以利浇水时过水。也可轻轻将姜块倒入,切忌横向码放,以免因不好过水造成积水过多而腐烂。姜块码好后,上面再盖一薄层稻草,同时用塑料绳从筐的两侧拴绷固定住稻草。每筐可码姜块 60～100 千克。将装好姜块的箱筐放入棚室内,每 2 筐 1 行,用木条或方砖架起 30 厘米高,行间留 80 厘米宽的作业道,以便进行浇水等农事操作;也可做成层架,每架2～

3 层,但因重量较大,需采用能承重的架材,并采用容量较小的小塑料筐,便于作业。层间距以容器高度再加 30 厘米高的作业空间为宜。

3. "浇姜"的方法 姜块经过长时期的贮存,表面皱缩,失水较多。因此,开始浇水时,需水量较大,宜每天浇 1 次,尤其第一次浇水,水量一定要大。2～3 周后,姜块已吸足水分,根、芽已密集生长,容器内湿度较易保持,一般 1～2 天浇 1 次水。5～6 周后,姜块准备上市前,只要保持姜块湿润、筐内不发热即可,此期可 3～4天浇 1 次水。浇水量和次数应根据当时的天气情况掌握,如果天气炎热、刮风、空气比较干燥,应多浇水,甚至 1 天浇 2 次水;阴雨天,空气湿度较高或立秋后气温降低,蒸发量减少,便可适当减少浇水量和次数。浇水方法多采用自来水接橡皮管,由上层至下层,从筐面顶部向下浇水。水一定要浇匀、浇透。容器周围蒸发量大,干得快,一般可先浇、多浇,浇 2～3 圈后逐渐移向筐中部,一直浇到筐内每个姜块都能湿透,筐底流出的水变清且无异味时止。浇水除满足姜块对水分的需要外,还有调节温度、冲走呼吸热、保持姜芽生长适宜温度的作用。夏秋季华北地区气温较高,室内温度最高时在 30℃左右或更高,但浇水后,容器内温度可降至 15℃～16℃,容器内温度保持 22℃左右的时间越长,越有利于姜芽的健壮生长。

4. 姜芽采收 "浇姜"一般在 40～60 天,芽高 30 厘米左右时连姜块挖出采收,分级后切去姜苗梢部,即成高约 15 厘米的商品姜芽(根茎长约 4 厘米)。正常情况下"伏芽"的姜芽采收量占姜块总重量的 8%～10%,而"秋芽"的姜芽采收量占姜块总重量的12%～13%。大块姜所产的姜芽重约 10 克,小块姜的姜芽重约 5克。可将姜块在阴凉通风处堆放 2～3 天,待伤口愈合后重新装入容器内继续浇水进行姜芽生产或贮存。

(三)普通姜芽栽培

普通姜芽栽培技术与常规生姜栽培技术大致相同。姜芽制作可在生姜苗长足,根茎未充分膨大前开始,直至生姜收获适期到来。方法是:用筒形环刀套住姜芽(苗)向姜块中转刀切下姜芽(苗),制作成根茎直径1厘米、长2.5~5厘米,根茎连同姜芽(苗)总长为15厘米的成形半成品,经醋酸盐水(盐度为18波美度)腌制后即为成品。一般成品按假茎长度分级,一级品根茎长3.5~5厘米,二级品3~3.5厘米,三级品2.5~3厘米。

针对姜芽生产的特点,栽培上应掌握以下要点:

第一,选用分枝多的密苗型品种。密苗型品种分枝多、姜球小,制作姜芽时可利用部分多,下脚料少。同时,因分枝多,单株的成芽数也多。

第二,采用较小姜块播种。加工姜芽的产值是按姜芽数量计算的,因而在单位面积内生姜的分枝数越多,生产的姜芽数亦越多。采用小姜块播种,可加大播种密度,增加生姜繁殖系数,提高种姜利用率,降低种姜投资。另外,小姜块长成的幼苗茎秆稍细,根茎的姜球较小,但足以达到直径1厘米的产品标准,且用筒形环刀套下的姜皮较少。

第三,增加播种密度。加大播种密度可增加单位面积的株数,使单位土地面积上生姜的分枝数增多,成芽数亦多,有利于生产较多的姜芽。

第四,多施基肥,并加强前期管理,促进提早分枝。个别地块在进行生姜生产时,由于病害严重,往往在未长足苗前即进行加工,严重影响姜芽产量。为此,应注意前期的管理,及早追肥浇水,促进生姜分枝及生长。此外,前期插姜草(在姜种南侧插谷草)遮阴可促进分枝。但插姜草过稀或过矮,易使茎秆矮化,增粗,并降低分枝数目。

普通姜芽生产与常规生姜栽培的季节相同,每年只能生长1季,因而存在生长周期长、占地多、肥料用量大、管理用工多、加工姜芽烦琐等问题。

(四)软化姜芽栽培

软化姜芽是在避光条件下,保持环境适宜的温度,促进种姜幼芽萌发。当幼芽长至要求标准后收获,经初步整理即为半成品,再用醋酸盐水进行腌制即为成品。软化姜芽的分级标准为:一级品总长15厘米,可食部分(根茎)长4厘米、粗0.5～1厘米;二级品总长15厘米,可食部分长4厘米、粗1厘米(含根茎超过1厘米后用环形刀成形者);三级品总长15厘米,可食部分长4厘米、粗小于0.5厘米。对软化姜芽产品总的要求是,经醋酸盐水腌制后姜芽洁白,假茎挺直,假茎柔软弯曲者为不合格产品。

进行软化姜芽生产时,应着重抓好以下环节。

1. 栽培场地 软化姜芽可在地窖、防空洞、室内或大、中、小棚及阳畦内进行。具体场所可根据各地条件而定。但不论采用哪种形式,均应注意遮光。若栽培场所空间不大,可利用立柱支架,做成多层栽培床。温度调节要根据不同季节的温度变化及栽培场所的形式灵活掌握,可选用回龙火炕加温、火炉加温及电热线加温等多种形式。

2. 选用适宜品种 为增加姜芽数目,提高单位重量姜种的成苗数,进行软化姜芽生产的姜种应选用密苗型品种。选择出芽率高,芽眼饱满,大小适宜,色正,无病虫的白肉姜种,最好将整块生姜按每个芽眼分开播种,每千克姜种可生芽32个以上。

3. 催芽 将按芽眼掰开的生姜块立即蘸上一层草木灰,再选晴天晾晒1～2天,期间翻动1～2次。然后将其在室内叠堆,一般堆高不超过1米,适量喷水,上盖细沙等保温保湿,堆温保持25℃,待大部分姜芽萌发,但未生根时,即可播种。

4. 制作栽培床与排放姜种　将水泥地板按层距 50 厘米排定，四周用砖砌成高 20~25 厘米、宽 1~1.5 米，长以场所而定的栽培床。床底铺 1~10 厘米厚的细土或细沙，然后在其上密排姜种，一般每平方米可排姜种 20~25 千克。

为促进多发芽，可将姜种掰成小块，芽一律向上，排满床后，姜种上覆盖 6~7 厘米厚的细沙，用喷壶洒水，洒水量应使下部细沙或细土充分湿润，但不积水。洒水后姜种上的细沙厚度应为 5~6 厘米，否则长出的幼芽下部根茎过短。

5. 生长期间的管理　姜种排好后，应使栽培场地避光并保持室温（床温）25℃~30℃。为促进多发芽、快发芽，姜苗出土前床温保持 25℃~28℃，出苗后苗高 30 厘米时，床温保持 28℃~30℃，以后保持 25℃。温度低时加盖薄膜、稻草等覆盖物增加温度；温度高时采取打开门帘通风及向地面喷水等降温。生长管理过程中，喷水保湿时，也可在水中溶入少量化肥，以氮、磷肥为主，浓度不超过 1%，以促进幼芽生长。

6. 收获　姜种上床后，经 45~50 天，大部分芽苗长至 30 厘米时，及时收获。收获时从栽培床一端，将姜苗连同种姜一并挖出，掰下姜苗，用清水冲洗泥沙并去根。根茎过长者，可从底部下刀切至长 4 厘米的标准。根茎过粗者，用直径 1 厘米的环形刀切去外围部分。根据根茎粗度进行分级后，再切去姜苗，使总长为 15 厘米，然后放入醋酸盐水中进行腌制。腌制完成后，每 20 枝为一单位捆好，装罐，倒入重新配制的醋酸盐水，密封，装箱后即可外销。

收获姜芽后的种姜，若仍有较多的幼芽，可再按前述方法排入栽培床内，使姜芽萌发、生长，收获第二茬姜芽。若种姜幼芽已极少，应更新姜种进行生产。

（五）姜芽加工方法

1. 糟姜 鲜嫩生姜 5 千克，白酒 500 克，酒糟 250 克，精盐 300 克，糖 150 克。将生姜去皮，用水洗净，沥干，切块放入盆内，加白酒、酒糟、盐一起拌匀。取坛一只，将拌好的姜块放入，上面撒上砂糖，盖严坛口，不能透气，糟腌约 7 天即可食用。嫩脆咸甜，酒香味浓。

2. 糖醋姜芽 嫩姜芽 1 千克，白糖 250 克，精盐 15 克，醋精 25 克。将姜芽剥去须，刮掉皮，洗净，沥干，放入盛具中，盐腌 15 分钟。沥去盐水，然后加入白糖、醋精，再腌 1 小时，取出姜芽，切片装盘即可。特点是色泽姜黄色，甜、嫩、酸、辣，清口解寒。

3. 甘草酸梅姜 鲜嫩生姜，洗净，去皮，横切成小圆片。姜片加精盐拌匀，置 3 小时，投入含有 3％明矾的清水中浸泡 1 天，取出投入沸水中热烫 5 分钟，沥干；白砂糖 10 千克，加清水 5 升，搅拌溶解，再加甘草粉末 1 千克，丁香粉末 40 克，安息香酸钠 30 克，混合后加入姜片 25 千克，浸渍 2 天，每天翻拌 3 次。浸渍后移入烘盘，以 65℃烘到表面干燥，再用剩余汁液浸渍，反复吸完汁液，最后烘干。干后含水量应不超过 8％。冷却后用塑料袋真空包装。

五、菊花脑芽球生产技术

菊花脑又称菊花叶、路边黄、黄菊仔、草甘菊、菊花郎，菊科多年生植物。原产于我国，云南、贵州、江苏、浙江等地多有野生和栽培。浙江等地民间有传统采食嫩梢的习惯，近年来江苏省南京、苏州等地已进行大面积露地和塑料大棚栽培。菊花脑以嫩梢、嫩叶供食，可凉拌、炒食、做汤、涮食，具有特殊的芳香味。有消暑、解渴、润喉和清热解毒的保健功效。

菊花脑以宿根越冬,株高 25～100 厘米,茎直立或匍匐,分枝性强。叶卵圆形至椭圆状卵形,先端渐尖,叶长 2～6 厘米、宽 1～4 厘米,绿色,叶缘羽状深裂或粗大复齿状。叶柄有窄翼。头状花序,有舌状花和管状花,黄色。瘦果,细小,灰褐色,千粒重 0.16克。耐寒性强,种子在 4℃以上能发芽,发芽适温 15℃～20℃,幼苗(或越冬后)初生枝梢生长适温 12℃～20℃,成株能安全越夏。耐旱,耐贫瘠,对土壤要求不严。

(一)类型与品种

按叶片大小分为大叶种和小叶种两大类。大叶种品质好,产量较高。菊花脑生产应选择大叶种类型,其主根粗大,根茎部较粗,叶片大,生长快,产量较高,质量较好。

(二)菊花脑体芽生产

菊花脑体芽生产是利用其宿根、枝条等的潜伏芽培育的芽球、芽等。体芽生产设施较简单,只要有大棚或日光温室等用于育苗即可。如果早春提前生产上市,最好定植在塑料大棚或日光温室内。也可进行露地栽培。

早春 3～4 月份,地下匍匐茎刚刚萌动时,将植株挖出来,截成10 厘米长的根段。最好将根的最上端单独存放,以便单独栽培。一般席地做畦,土培法生产。选择含有机质多、土层肥厚的园田土,掺上一半细沙作床土,在育苗床或在地上做 1 米宽的畦当做育苗床,上铺 30 厘米厚的床土。3 月下旬至 4 月上旬,当床土温度稳定在 10℃以上时,按每 2～3 株 1 丛、丛、行距 30 厘米×40 厘米定植,将根的顶端和其他根段分开定植,使根段粗头方向一致,按30°角斜插入畦内,深度以根段刚露地表为度。然后稍镇压,用温水浇透底水,覆盖 2 厘米厚的潮湿细沙,最后覆盖地膜保温保湿。一般 10 天左右可长芽生根,这时可揭掉地膜,支小拱棚保温保湿。

为了促进生根,应适当松土并及时除草。幼苗出土后,应追肥浇水,一般每 667 米^2 施尿素 10 千克。如果想多茬采收,则每次采收后均要结合浇水每 667 米^2 追施尿素 10 千克,以保证下茬的产量。

幼苗出土时往往一丛一丛地呈丛生状形成菊花脑芽球,当芽球变绿时即可采摘。此外,呈丛生状态的主茎生长较快,由它伸长而形成嫩枝芽幼苗,当幼苗高 15~20 厘米时,趁其未纤维化采摘嫩枝芽。一般 4 月底至 5 月份开始采收,直至秋季开花时止。菊花脑播种后,可连续采收 3~4 年。

在菊花脑芽球生长过程中,一般是根顶段培育的芽苗生长较快可以先采摘。采摘 2 次后植株已长高,这时可用刀割嫩梢。每10 天左右采收 1 茬,每次割收时均要保留嫩梢底茬 8~10 厘米长,以保证连续收获。

(三)菊花脑种芽生产

菊花脑种芽生产的适宜温度为 15℃~25℃,一般当室外平均温度高于 18℃时即可露地生产;当室外平均温度高于 25℃时,如采用塑料大棚生产,则需在大棚上覆盖双层遮阳网遮阴,避免太阳光直射。同时,要勤喷水,保持一定湿度。冬季及早春,可在大棚或日光温室生产,晚上在育苗盘上加盖无纺布保温,确保棚室温度在 12℃以上。菊花脑种芽生产,可采用立体栽培,栽培架设 4~5层,层间距 40~50 厘米。育苗盘长 60 厘米、宽 25 厘米、高 5 厘米。基质可选用珍珠岩、蛭石、泥炭或水洗沙,其中珍珠岩和蛭石以 2:1 混合最好,其优点是质量轻,通透性好,有一定的持水能力,并且珍珠岩和蛭石都经高温灼烧而得,使用前无须进行基质消毒。

先将种子放冷水中浸泡 5~6 小时,再放入 55℃温水中烫种15 分钟后,用清水反复清洗。然后用纱布包裹,放在 22℃~25℃

条件下催芽,每天用温水搓洗 1 次。30% 种子露白时播种,每平方米播干种子 5 克左右。将育苗盘用清水冲洗干净,在底上铺一层白纸或无纺布,再于纸上铺一层厚 2.5～3 厘米的珍珠岩和蛭石的混合基质,用喷壶浇透底水,将种子播入,上覆一层厚 0.5～1 厘米的基质,然后喷湿基质表层。一般播后 5～7 天种芽可伸出基质,此期管理的关键是注意定期喷水,使空气相对湿度保持 80%～85%,促进种芽生长。15～20 天后,当种芽高至 10～12 厘米时可采收上市。将种芽连根从基质中拔起,抖去基质,用剪刀剪去根部,清洗干净,用塑料盒包装上市。一般菊花脑种芽的产量与种子重量之比为 4∶1。

菊花种芽也可用土壤生产,播种前结合耕地每 667 米² 施优质粗肥 2 000 千克,耕翻后做 1 米宽的育苗畦,浇足底水,盖上地膜保温保湿,当 10 厘米地温稳定在 10℃ 以上时播种。生产中可以干种直播,也可催芽湿播。每 667 米² 播种量为 500 克,按行距 10 厘米在畦内开沟条播,覆细潮土 0.5 厘米厚,最后覆地膜,保温保湿促进出苗。当幼苗出土时揭掉地膜,支小拱棚保温保湿,适当浅中耕松土,促苗生长,并及时除草。待幼苗 3 叶期时定植或定苗,穴距为 15 厘米,每穴定苗 3～4 株。

六、蒌蒿软化芽生产技术

蒌蒿又叫白蒿、藜蒿、蒌蒿薹、水蒿、柳蒿、狭蒿、香艾蒿、小艾、水艾、驴蒿,菊科蒿属多年生草本植物。分布于日本、朝鲜、俄罗斯的西伯利亚东部以及我国东北、华北和中南地区。野生于荒滩、路边、山坡等湿润处,是一种古老的野生蔬菜。早在明朝朱元璋南京称帝时,蒌蒿就由江苏省高邮县年年在清明节作为贡品进贡。江西省南昌蒌蒿被誉为"鄱阳湖的草,南昌人的宝",现在蒌蒿炒腊肉成为江西特色名菜,已被北京人民大会堂列为国宴菜。近年来,江苏省高邮、南京、扬州,江西省南昌等地开始露地、保护地大面积人工栽培。其产品已成为当地颇受欢迎的时令蔬菜。蒌蒿主要以幼茎及顶梢的叶供食,可凉拌、炒食,口感细嫩、清脆,富含多种维生素及钙、磷、铁、锌等矿质元素。

目前有许多学者开始对蒌蒿进行系统研究,奥地利维也纳大学的毕尔涅克博士研究发现,蒌蒿中含有挥发性油、维生素、苷类、鞣质、生物碱、矿物质、碳水化合物等。冯孝等从蒌蒿地上部分中分离得到二十九烷醇、二十九烷基正丁酯、6,7-二羟基香豆素、东莨菪素、β-谷甾醇、胡萝卜素等 12 种化合物。张健等从蒌蒿叶中分离得到伞形花内酯、芹菜素、木犀草素 7-O-β-D-葡萄糖苷、芦丁、东莨菪素和 β-谷甾醇等 6 种化合物。

蒌蒿以地下根茎和地上嫩茎供食。根茎肥大,富含淀粉,可作蔬菜、酿酒原料或饲料,含侧柏透酮($C_{10}H_{16}O$)芳香油,可作香料。蒌蒿中含有多种矿质元素和维生素,具有抗氧化、防衰老、增强免疫力等功效。药理试验表明,蒌蒿能显著延长小白鼠耐缺氧时间,提高抗疲劳能力;能增强小白鼠耐高温、耐低温能力,增强 RES(网状内皮系统)的吞噬功能。通过深加工制成蒌蒿饮料、蒌蒿茶、蒌蒿粑粑、蒌蒿饼干等,长期食用蒌蒿可以延年益寿。蒌蒿全草可入药,清凉、味甘,有止血消炎、镇咳化痰、开胃健脾、散寒除湿等功效。可治疗胃气虚弱、水肿、牙病、喉病、便秘及河豚中毒等症。近年来发现对治疗肝炎作用良好。另外,对降血压、降血脂、缓解心血管疾病均有较好的作用。

江西汉邦生物研究所,2002 年采用亚临界水萃取技术,从鄱阳湖的天然无污染野生蒌蒿中提取出了蒌蒿黄酮,能有效地调节人体血压、降低血脂,被列入国家 863 重点科研项目,并研制成了新一代的降压高科技保健食品——蒂豪舒压片。每片蒂豪舒压片含藜蒿黄酮 12 毫克。蒌蒿药用价值的市场开发前景广阔,江西省余干县与生物有限公司合作对蒌蒿的有效成分进行检测,然后进行科学提炼，制成降压片、脑心舒片、脑心舒胶囊等 5 个系列 100 多个产品。这项技术已通过江西省科委鉴定和国家卫生部检测批准，并获得国家专利局受理认可。

(一)生物学性状

蒌蒿系多年生草本植物。地下茎形似根，呈棕色，新鲜时柔嫩多汁，长 30～70 厘米，粗 0.6～1.2 厘米。节上有潜伏芽，并能萌生不定根。地上茎从地下茎上抽生，直立，高 1～1.5 米。叶羽状深裂，叶面无毛，叶背被白色茸毛。头状花序，9～10 月份开花，花黄色。瘦果小，具冠毛，成熟后随风飞散。

蒌蒿耐热，耐湿，耐肥，不耐旱。在排水不良的黏重土壤中根系大，且生长不良，根茎在水淹的泥土中可存活 5～6 个月。长期渍水根系变黑死亡。冬季 -5℃时，茎叶不至枯萎，夏天 40℃以上的高温，仍能生长。早春外界气温回升至 5℃以上时，地下茎的潜伏芽开始萌动，15℃～25℃时茎叶生长很快。对土壤要求不严，但潮湿、肥沃的沙壤土最好，适宜在沟边、河滩沼泽地生长。对光照条件要求严格，基叶生长时阳光要充足。

(二)栽培技术要点

湖北省武汉市蔡甸区冬春蒌蒿栽培，是利用塑料大棚等多层覆盖，保暖防寒栽培技术，采用扦插繁殖，进行多次采收，每 667 米² 产量高达 3 400 千克。供应期从 8 月中旬至翌年 3 月中旬，成为元旦和春节等重要节假日以及早春市场的特色蔬菜。

1. 繁殖方法　蒌蒿的繁殖方法有茎秆压条、扦插、分株和播种育苗等。①茎秆压条。于 7～8 月份按 45 厘米行距开沟，深约 6 厘米。将蒌蒿齐地割下，去顶，选中段茎，头尾相连平铺沟中，覆土浇水，当年即可新芽出土。②扦插。可于 5～7 月份剪取健壮枝条，除去上部嫩梢和下部已木质化的部分，剪成长 15 厘米左右的段,上部留 2～3 片叶,下端切成斜面。扦插前用 100～150 毫克/千克 ABT 6 号生根粉溶液浸泡插条基部 4 小时,然后开沟,灌水,扦插,培土,培土厚达插条长 2/3 处,保持湿润。莴苣嫩梢因失水萎蔫,土壤扦插成活率很低。如果用 500 毫克/升萘乙酸溶液处理 0.5 小时,在水中扦插,扦插后 3～4 天开始生根,成活率可达到 100％。莴苣扦插适逢夏季高温,应搭高 0.8～1 米的棚架,上盖遮阳网,将网四周扎紧防风。每天盖网时间晴天 10～16 时,早晚揭开,9 月中旬撤架。主要上市期处于冬季,需覆盖保温物促进生长,一般在 11 月下旬至 12 月上旬气温降至 10℃ 以前,扣大棚覆盖以防霜冻,棚内晴天温度保持 18℃～23℃,阴雨天保持 5℃～7℃。如果土壤湿度过大,晴天中午要在背风处通风换气,以免造成植株腐烂或变黑。在严冬时节用地膜直接覆盖在植株上或用草木灰在地表覆盖护茎,以防冰冻产生空心蒿,降低品质。翌年 3 月中旬气温上升时及时揭除棚膜。③分株繁殖。四季均可进行,先从距地面 5～6 厘米处剪去地上部分,然后连根挖起,分成单株,带根直接栽植。④播种育苗。多在 2～3 月份在棚室内播种育苗,约经 10 天出苗,幼苗生长至 10～15 厘米时定植。

2. 栽培管理 莴苣是多年生植物,定植前要把种植地的杂草除净。每 667 米² 施有机肥 3 000 千克,或饼肥 50 千克、过磷酸钙 25 千克,耕翻、碎土、耙平、做畦,畦宽 2～3 米。栽植。生长期间勤浇水。一般是采收后追肥,再浇透水。冬季最好盖层河泥,防寒,增肥。

在莴苣生长过程中,可用植物生长调节剂调控生长速度。如果植株出现徒长或需延迟上市时间,用 15％多效唑可湿性粉剂 1 000 毫克/千克溶液叶面喷雾,或用 250 毫克/千克 50％矮壮素水剂地面浇根。当出现僵苗时可用 10～20 毫克/千克赤霉素溶液叶面喷雾。在生长中后期,用 10～20 毫克/千克赤霉素溶液叶面喷雾,可提前上市并增加产量。

(三)采收和食用

蒌蒿以嫩茎供食用,南方地区多于 12 月份至翌年 1 月份采掘地下茎食用,2～4 月份收割嫩梢供食。一般当苗高 8～15 厘米,顶端心叶尚未展开,茎秆未木质化,颜色白绿时从地表割收。割收后的茎秆仅留上部少数心叶,其余叶片全部摘除。按粗细分类捆把,用水清洗后码放于阴凉处,湿布盖好,经 8～10 小时,略软化即可上市。一般每隔 1 个月采收 1 次,1 年可采收 3～4 次。

蒌蒿的食用方法:春季采嫩茎去叶,用沸水烫后与肉、香肠炒食,味美可口。或取嫩茎叶,先用沸水烫过再清水漂洗,挤去汁水,炒食或掺入米粉蒸食。蒌蒿除鲜菜外,还可开发成饮料、酒等高档产品,如以蒌蒿嫩芽制作的保健蒿珍王茶,市场售价高达 60 元/千克。

七、马兰头生产技术

马兰头为菊科马兰属多年生草本植物。原产于亚洲南部及东部,我国各地均有野生和栽培,江苏、浙江一带民间久有采食嫩梢的习惯。近年来江苏等地,特别是南京市已开始进行大面积露地和大棚栽培。马兰头可凉拌、炒食、做汤,也可作火锅配料涮食,具有特殊的芳香味,有消积食、除湿热及利尿解毒之功效。

马兰头以宿根越冬,株高 30～70 厘米,茎直立,易分枝。叶倒卵圆披针形或倒披针形,叶长 3～10 厘米、宽 1～5 厘米,绿色,叶面有茸毛,叶缘具疏锯齿。头状花序,有舌状花和管状花,蓝色或淡蓝色,夏秋季开花。瘦果,细小,倒卵圆状长圆形、扁平,褐色,千粒重 1.6 克。马兰头喜冷凉湿润气候,种子发芽适温 20℃～25℃,生长适温 15℃～22℃,耐寒性强,喜充足光照,对土壤要求不严,适应性强。

马兰头多采用种子繁殖,也可分株繁殖。种子繁殖,华北地区可在3月下旬至4月上旬露地直播,也可在2月中下旬保护地育苗,4月中下旬苗高3～5厘米时定植,行、株距均为15～20厘米,每穴3～4株。分根繁殖,多在早春进行,保护地可在冬前进行密集栽培,春节期间收获上市。